NCS

기본 메이크업

이지영·박정신·박효원·김현희

청구문화사

Preface

옛말에 '교육은 100년지 대계'라 했건만 우리나라 교육은 정부가 바뀔 때마다 교육 정책이 바뀌어 혼란을 빚어왔다. 제 4차 산업혁명시대의 물결과 더불어 최근 NCS(National Competency Standards)이라는 국가직무능력표준 기반 교육과정, 학습모듈 및 교수학습지침서 개발 및 도입으로 전국의 대학들이 혼돈과 몸살을 겪었다. 사실 각 과목의 교과서마저 있어야 할 자리를 잃어버리는 것이 아닌가 하는 의구심이 들었다. 교과서의 존재가치를 두고도 교수학습지침서에 자리를 내놓아야 하는 운명에 처할지 모른다는 혼란이 있었다. 하지만 NCS 기반의 학습모듈과 능력단위들은 아직 기초적인 도입단계로 업그레이드를 계속 진행하고 있는 수준이며, 교수학습지침서만으로 수업을 진행하기 어려운 부분이 있어 아직 교과서는 수업에 꼭 필요한 필수 요건인 것으로 사료된다.

기본메이크업 교재를 새로 개발하여 편찬하기 위해 새로운 NCS 체계를 도입하여 3년간 작업을 공들여 제작했고, 결코 서둘러 진행하지 않았으며 본 교재를 드디어 편찬하게 되었다. 본 교재에는 메이크업을 시작하는 새내기들을 위해 우선적으로 알아두어야 할 메이크업의 역사, 메이크업아티스트가 되기 위한 위생관리부터 시작하여 기본 메이크업을 하기 전에 해야 할 메이크업 디자인 과정(사실 이 과정은 메이크업 현장에서 꼭 필요한 직무능력으로 메이크업 제품으로 해보는 일러스트이다) 그리고 기초적인 메이크업 테크닉을 익히기 위해 각 단계별 제품 소개까지 꼼꼼하게 내용이 다루어져 있다. 특별히 본 교재를 제작함에 있어 그 내용에 충실하다 보니 상당히 분량이 많은 편이다.

이 교재를 통하여 메이크업을 새로 시작하는 학생들이 메이크업에 대한 기초 지식을 알고 테크닉을 익히며 메이크업아티스트로 성장하기 위해 그 기본자세와 자질을 함양하는 데 도움이 되길 바란다. 또한 현장에서 메이크업아티스트로 일할 때에도 필요한 부분을 다시 찾아볼 수 있는 기본 지침서가 되길 희망한다.

본 교재를 제작하는 데 많은 노력을 기울였으나 완벽할 수는 없다. 이유는 메이크업 트랜드는 항상 변화무쌍하며 창의적인 작품이기 때문이다. 하지만 기본적인 메이크업 테크닉을 제대로 익히면 응용과 창의적인 작업은 그 기반 위에 무한히 펼쳐질 수 있다.

마지막으로 본 교재를 제작하는 데 도움을 주신 분들에게 감사를 표하고자 한다. 먼저 메이크업 제품 일체를 아낌없이 찬조해주신 코스피아 김기성 대표님께 제일 먼저 감사를 드린다. 항상 품질이 우수한 한국산 메이크업 제품을 제작하시기 위해 창의적이고 혁신적인 아이디어로 선도적인 기업이 되고자 고생하시는 분으로 메이크업 교재 개발을 위해 선뜻 도움을 주신 분이다. 또한 본 교재의 사진 제작을 위해 장소 및 촬영을 제공해주신 디아망웨딩 박희영 대표님과 사진 촬영 감독님께 감사를 드린다. 그리고 본 교재의 메이크업 일러스트를 해준 오란비, 신나은 학생들에게도 고마움을 표한다. 이 책의 편집을 위해 애써준 직장 동료 김지애 교수와 청구문화사 이상태 대표님을 비롯한 편집부 선생님의 노고에 진심으로 고마운 마음을 전한다.

2017년 4월
저자 일동

Contents

Part Ⅰ 메이크업의 개요

1. 메이크업의 정의와 기원 ---- 9
    1) 메이크업의 정의 / 9
    2) 메이크업의 기원 / 11
2. 메이크업의 목적과 조건 ---- 16
    1) 메이크업의 목적 / 16
    2) 메이크업의 조건 / 17

Part Ⅱ 메이크업의 역사

1. 한국의 메이크업 역사 ---- 21
    1) 고조선(古朝鮮) 시대 / 22
    2) 삼국(三國)시대 / 23
    5) 근대개화기~해방이전 / 34
    6) 해방이후~현대 / 36
2. 서양 메이크업의 역사 ---- 41
    1) 고대 이집트 시대 / 42
    2) 그리스 시대 / 44
    3) 로마 시대 / 45
    4) 중세 시대 / 47
    5) 르네상스 시대 / 54
    6) 바로크 시대 / 57
    7) 로코코 시대 / 58
    8) 근세 시대 / 62
    9) 현대 / 65

Part Ⅲ 메이크업 샵 위생관리

1. 위생 및 소독 ---- 93
    1) 소독의 방법 / 94
    2) 소독기의 종류 / 94
2. 메이크업 샵의 환기 및 청소 ---- 95
    1) 메이크업 샵의 내부 환기 / 95
    2) 메이크업샵의 내부 청소 및 관리 / 95
3. 도구 관리 체크리스트 및 사전 점검 작업 ---- 96
    1) 체크리스트 / 96
4. 고객 응대하기 ---- 97

1) 대인관계에서 대화의 기술 / 97
2) 전화를 잘 받는 방법 / 97
3) 고객에 대한 기록 / 99

5. 메이크업 샵 고객 서비스 매뉴얼 작성 100

1) 고객이 샵을 방문했을 때 / 100
2) 메이크업 적용 순서 / 101

6. 메이크업 서비스 시 위생 관리 102

1) 메이크업 진열대와 기구 비치 상태 / 102
2) 메이크업 아티스트의 위생관리 / 103
3) 감염 예방 / 103
4) 개인 위생건강관리 / 104

Part Ⅳ 메이크업 디자인 개발

1. 메이크업 상담 109

1) 고객 상담의 정의 / 109
2) 상담이 의미하는 활동 / 110
3) 고객과의 상담 / 113
4) 상담시 고객에 대한 자세 / 113
5) 메이크업 아티스트의 자세 / 114
6) 고객의 T.P.O 제시 및 고객의 스타일 이미지 파악 / 116
7) 메이크업 시술시 유의 사항 / 116
8) 메이크업의 기본자세 / 117

2. 얼굴 특성 파악 120

1) 피부유형의 분류 / 120
2) 얼굴 형태 분석 / 123
3) 얼굴 이목구비 유형 분류 / 127
4) 얼굴 부위의 형태에 따른 이미지 특성 / 129
5) 이상적인 얼굴 비율 / 133
6) 얼굴 유형에 따른 메이크업 수정보완 / 137

3. 퍼스널 이미지 분석하기 144

1) 퍼스널 컬러의 개념 / 144
2) 퍼스널 컬러 시스템의 이론적 배경 / 144
3) 퍼스널 컬러 색상의 분류 요인 / 146
3) 4계절 컬러 시스템 / 151
5) 4계절 유형에 따른 톤 분류 / 152
6) 4계절 유형의 컬러 코디네이션 / 156

Part Ⅴ 기본 메이크업

1. 기초제품 사용하기 167

1) 클린징의 목적과 방법 / 167
2) 클린징 제품의 종류와 특성 / 169
3) 기초 제품의 특성과 사용 / 170
4) 피부타입과 특성 / 171

2. 베이스 메이크업하기 ... 174

1) 색과 질감 선정하기 / 174
2) 메이크업 베이스 바르기 / 188
3) 파운데이션 바르기 / 192
4) 파우더 바르기 / 202

3. 아이 메이크업 하기 ... 209

1) 아이섀도우 / 209
2) 아이라인 / 219
3) 마스카라 / 224
4) 인조 속눈썹 / 229

4. 아이브로우 메이크업 ... 232

1) 아이브로우 메이크업 제품 및 정리도구 / 232
2) 아이브로우 정리 방법 / 235
3) 이상적인 눈썹 모양 / 236
4) 남성과 여성의 눈썹 특성 / 237
5) 아이브로우 색상 이미지 / 237
6) 아이브로우 그리기 / 238
7) 다양한 형태의 아이브로우 / 239

5. 립 메이크업 ... 239

1) 립 메이크업 제품의 종류 / 239
2) 립 메이크업 도구 / 241
3) 립 컬러 / 242
4) 입술의 질감 / 246
5) 립 메이크업 방법 / 247
6) 입술 모양 / 249

6. 치크 메이크업 ... 251

1) 치크 메이크업 제품 종류 / 251
2) 치크 브러시 / 252
3) 치크 색상 / 253
4) 치크의 위치 / 254
5) 치크의 메이크업 방법 / 255

참고문헌 … 260

찾아보기 … 261

PART Ⅰ

메이크업의 개요

PART Ⅰ 메이크업의 개요

1. 메이크업의 정의와 기원

1) 메이크업의 정의

메이크업(Make-up)이란 우리말로 화장(化粧)을 의미하며, 얼굴 또는 신체의 결점을 보완·수정하고 장점을 부각시켜 개성 있고 아름답게 꾸미는 것을 말한다.

즉 자신의 신체나 그 일부분을 아름답게 수정함으로써 장점을 미화하고 단점을 커버하여 내면적인 부분과 외면적인 부분을 조화롭게 상호 작용시켜 자신만의 독특한 개성을 연출하며 미적 감각을 극대화시키는데 목적이 있다. 서구에서는 영어로 메이크업(Make-up)을 페인팅(Painting), 토일렛(Toilet), 드레싱(Dressing) 또는 프랑스어의 '마뀌아쥬(Maquilage)' 등으로 표현한다.

메이크업(Make up)이란 용어가 처음 사용된 것은 17세기, 영국의 시인 리챠드 크랏슈(Richard Crashou)가 시의 구절에서 "메이크업이란 여성의 매력을 높여 주는 행위"라 하여 최초로 메이크업이라는 단어를 사용하였다. 그러나 당시 메이크업이라는 표현은 대중적으로 확산되지 못하였다. 16세기 영국의 문호 셰익스피어(Shakespeare)의 희극에 '페인팅(Painting)'이라는 용어가 등장하였다. 이것은 16세기 이탈리아에서 전래된 짙은 화장을 지칭하였으며 16~17세기를 통하여 연백(鉛白)을 원료로 만든 분을 '페인트(Paint)'라 불렀고 후에 납분에 색과 향료를 섞어 만든 다채로운 안료로 얼굴에 색칠하는 것을 '페인팅(Painting)'이라 하였다. 프랑스어인 '마뀌아쥬(Maquillage)'는 원래 분장을 의미하는 연극용어였으며 '투알레트(Toilette)'는 1540년경 영국에 전해져 '토일렛(Toilet)'으로 변한 말로서, 화장을 포함한 치장 전반을 가리킨다.

우리나라는 언제부터 화장을 하였는지 어떠한 기록에서도 나타나지기 때문에 정확히는 알 수는 없지만 수산리 벽화나 쌍용총 벽화에서 여인들이 눈이나 뺨에 화장을 하고 있는 모습을 보며 그 기원을 추측할 뿐이다. 현재 사용되고 있는 '화장'이란 단어도 시대에 따라 많은 변천을 하게 되었는데 삼국시대에서 고려시대에 이르기까지는 '지분(脂粉)'이라는 말과 '분대(粉黛)'라는 말이 쓰였고 조선시대에 들어서는 단아하게 꾸민 것을 '담장(淡粧)', 짙은 색채화장 요염한 색태를 표현한 경우를 '염장(艶粧)', 짙게 꾸민 상태로 신부의 화장을 '응장(凝粧)', 억지로 아름답게 꾸민다는 의미의 '야용(冶容)' 등이 쓰였으며 '화장(化粧)'이란 단어는 일본인들의 조어로 개화기 이후에 신식 화장품이 수입되면서 보편화되었다.

2) 메이크업의 기원

인류의 역사가 시작된 이래 인간 고유의 미적 본능은 누구나 아름다움을 느끼고 아름다움에 대한 동경과 미를 추구하려는 본성을 지니게 되었다. 메이크업의 기원은 각 민족마다 풍습, 생활습관, 역사와 환경 등이 제각기 다르기 때문에 꼭 언제부터라고 단정 지을 수 없지만, 약 4만년 전 구석기시대의 것으로 보이는 알타미라 동굴벽화보다도 이전인 인류문명이 시작되면서부터라고 볼 수 있다. 이러한 기원을 설명하는 여러 학설이 있는데 이 중 가장 보편적인 학설로는 장식설, 보호설, 종교설, 신분표시설, 이성유인설 등으로 볼 수 있다. 그러나 위의 학설 중 어느 한 가지로는 메이크업의 기원을 완벽하게 설명하기 어려우며 자연환경, 역사적 배경 및 문화 등에 따라서 각기 다르게 발생했을 것으로 추측된다.

그림 1-1 알타미라 동굴벽화

(1) 장식설

인간은 원래 아름답게 장식하고 꾸미려는 욕구가 있는데, 이러한 욕구가 옷을 입기 이전의 원시시대에는 나체 상태에서 피부에 직접 회화, 조각, 문신을 새겨 자신의 우월성을 표현하였고, 이것이 오늘날의 메이크업으로 향하는 첫걸음이 되었다고 볼 수 있다. 즉, 자연스럽게 표식이나 장식을 하려는 욕망이 원시의 지배자들로부터 시작되었으며, 다채로운 색채의 진흙을 사용하여 얼굴, 머리 등 전신에 바르기 시작했다. 이러한 원시적 방법의 장식은 원시 시대에 국한된 것은 아니며, 시대와 문화, 사회에 따라 인간심리의 욕구와 미적 본능의 장식적인 수단으로 메이크업이 시작되었다고 볼 수 있다.

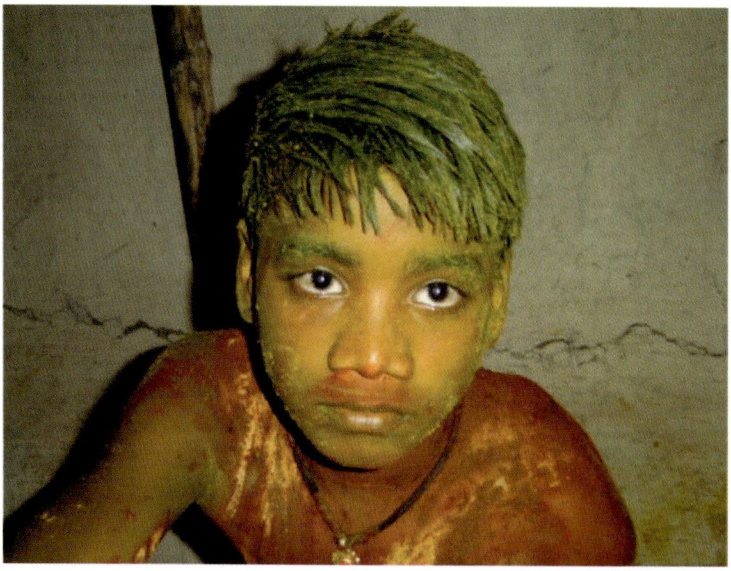

그림 1-2 Indian groom with the traditional make-up

(2) 보호설

보호설은 인간의 자연적인 보호 본능에 의하여 자기 자신을 어떤 종류의 위험으로부터 보호하기 위해 위장하거나 혹은 은폐시키기 위해 행하여진 치장이 메이크업의 기원이라고 보며, 자신을 보호하려는 목적은 신체 뿐 아니라 정신적인 보호의 목적도 포함한다. 따라서 원시인류가 몸에 상흔(Scarring)과 문신(Tattooing)을 한 것은 적에게 공포감을 주기 위함이나 악마로부터 자신을 보호하기 위한 수단으로 치장을 하기 시작하였으며 동시에 원시시대 외부의 자연환경으로부터 피부를 보호하기 위한 수단으로 진흙이나 보호 물질을 사용하였던 것을 알 수 있다. 또한 사냥이나 전시 중 몸을 치장하고 얼굴을 위장해 자신의 위엄을 나타내고 보호하기도 하였으며, 이러한 여러 가지 보호 목적을 통한 치장이 메이크업의 기원이라 할 수 있다.

그림 1-3 상흔을 한 아프리카 여인

(3) 종교설

문명의 발생과 동시에 인간에게 있어 종교는 자연발생적으로 나타났으며, 당시 원시종교나 제천의식에서 사용된 여러 가지 주술적인 상징과 치장을 통해 메이크업이 시작되었다고 볼 수 있다. 즉 메이크업은 일종의 주술적, 종교적 욕구로서 특정한 형태의 표식이나 치장을 통해 잡귀나 악마를 물리치고 자신과 부족의 심리적 보호를 위해 행해졌다. 이러한 치장의 행위는 정신적인 공포로부터 자신을 보호하기 위해 신체에 변형을 가하거나 문신이나 문양을 새겼으며, 장례식에서 악령으로부터 사자(死者)를 보호하기 위해 가면(mask)을 사용하거나 진한 화장을 하기도 하였다.

그림 1-4 **주술적 표식**

(4) 신분표시설

신분표시설은 인류의 역사가 시작되면서 인간은 점차 공동사회를 형성하게 되고, 내부적으로 계급 체계가 형성되면서 지배자와 피지배자로 나누어짐에 따라 조직 내에서의 위치를 구분할 필요를 느끼게 되고 이러한 신분, 계급, 종족, 남녀 성별을 구별하기 위한 목적으로 메이크업이 시작되었다고 보는 견해이다. 따라서 절대자는 자신의 위엄을 갖추기 위해 얼굴이나 신체의 일부를 붉은 색이나, 백납, 식물성 색소에서 채취한 여러 가지 색채로 채색하여 민중 위에 군림하는 방편으로 이용했다. 아프리카 민족 간에 행해지는 특이한 헤어스타일, 귀걸이, 코걸이, 팔찌 등은 계급이나 신분, 부족을 나타내기 위한 형태이며, 지금도 인도 여성들은 미간의 붉은 점으로 기혼임을 표시하고 있다.

그림 1-5 인도의 기혼여성

(5) 이성유인설

자신의 신체를 타인에게 아름답게 보이기 위해서 혹은 우월성을 표현하기 위한 수단으로 쓰여졌으며 또한 이성에게 관심을 끌기 위한 수단으로 메이크업을 하게 되었다는 학설로써 아름답게 보이려는 욕망은 본능적으로 자신의 약점이나 추한 부분을 수정 또는 위장함으로써 보다 아름답게 보이기 위한 수단이었다는 것이다. 예로 고대 이집트 여인들은 이집트 풍속에 입맞춤이라는 애정표시가 없었기 때문에 입술에는 붉은 색을 칠하지 않고 유두에 붉은 칠을 하여 화장을 하므로 본인의 가장 아름다운 부분을 치장하기 위한 화장을 하기도 했다.

2. 메이크업의 목적과 조건

1) 메이크업의 목적

메이크업이란 아름다움을 표현해주는 미의 창조 작업이자 자신의 결점을 보완하고 장점을 강조해 주는 자기표현의 수단이다. 메이크업은 문화, 사회에 따라 조금씩 다른 양상을 보이고 있지만 그 궁극적인 목적은 결국 아름다움을 추구하는 표현 방법이다. 메이크업 행위는 사회과학적·생리학적 효용 뿐 만 아니라 감정에 영향을 주는 심리적 측면에서도 중요한 요인으로 작용한다. 따라서 메이크업의 목적은 첫째, 피부보호의 목적으로서 외부의 유해환경으로부터 피부를 보호할 수 있다. 둘째는 미화(美化)의 목적으로 사람의 본능적인 미적 욕구에 의해 외모의 결점은 보완하고 장점을 부각시켜 아름다움을 추구한다. 셋째는 사회기능적인 목적으로 사회생활에 있어서 외모를 단장함으로써 자신감을 부여하고 긍정적인 효과를 증대시킬 수 있다. 넷째는 심리 가치추구의 목적으로 개인 성격이나 사고방식, 가치추구 등의 심리적인 측면을 표현할 수 있다. 따라서 메이크업은 자신의 외모를 심미적으로 표현하는 동시에 내적

가치관과 의식을 표명하는 새로운 창조활동이며, 이를 통하여 안정감과 자기만족, 자존감 등을 얻을 수 있다.

2) 메이크업의 조건

메이크업을 시행하는데 있어 완성된 이미지 메이크업을 위하여 다음과 같은 조건을 갖추어야 한다.

(1) 일관성(Consistency)

통일감 있는 일관된 이미지를 창조한다.

(2) 조화(Balance)

헤어, 메이크업, 의상 등의 전체적인 이미지가 조화를 이루어야 하며 T.P.O(Time, Place, Occasion)를 맞춘다.

(3) 대비(Contrast)

색상, 명도, 채도를 이용하여 색의 대비 효과를 준다.

(4) 변화(Change)

메이크업에 있어서는 눈썹, 아이라인, 입술선의 변화와 같이 선이나 면을 강조하여 변화감을 주거나 입체감을 주어 변화를 준다.

(5) 대칭(Symmetry)

메이크업에 있어 얼굴윤곽, 눈썹, 아이섀도, 입술 등의 좌우 균형을 고려한다.

(6) 그라데이션(Gradation)

색채를 사용하는데 있어 색이 점층적으로 잘 사용되도록 한다.

PART Ⅱ

메이크업의 역사

PART Ⅱ 메이크업의 역사

1. 한국의 메이크업 역사

한국의 메이크업의 역사를 찾아 볼 수 있는 고대의 유물은 낙랑 채협총의 채화칠협의 그림을 통해 고대의 화장법을 엿 볼 수 있으며, 마한(馬韓)과 변진(弁辰) 등 남부지방에서는 문신이 성행하였다. 삼국시대 고구려, 백제, 신라의 화장형태는 기초화장 뿐 아니라 색조화장이 성행하였고, 이는 고구려의 고분벽화를 통해 화장의 풍속을 잘 살펴볼 수 있다. 이 후 통일신라에는 서역의 영향으로 인해 색조화장이 매우 짙고 화려해졌다.

고려의 화장 형태는 영육일치사상과 불교의 영향을 바탕으로 통일신라의 화장 문화가 전승되었고 그 형태가 더욱 화려해졌으며, 신분에 따라 꾸미는 방법이 달랐고, 교방을 중심으로 생겨난 분대화장법이 조선까지 이어졌다. 그러나 조선시대의 메이크업은 당시의 이상적인 여인상과 미인상이 양분화 됨에 따라 담장(淡粧)화장법과 분대(粉黛)화장법으로 화장법이 이분화 되었다. 이 후 개화기에는 개항으로 인한 외국화장품의 유입과 국내화장품의 대량생산 및 색조 화장품의 발달로 색채 메이크업의 발달 및 화장의 유행에 대한 인식이 나타났다. 위의 우리나라 화장 문화사를 각 시대별 메이크업의 특성을 중심으로 살펴보면 다음과 같다.

1) 고조선(古朝鮮) 시대

우리나라 사람들은 옛날부터 흰 피부를 선호하였는데, 이것은 단군신화에서도 알 수 있다. 삼국유사 단군신화에 의하면 곰이 100일 동안 햇빛을 보지 않고 쑥과 마늘을 먹어 사람으로 변하였는데, 이 신화에서 전해진 쑥과 마늘은 피부의 미백작용에 효과가 있는 식물들로 이미 고조선부터 흰 피부를 선호하여 이를 위한 민간요법이 행하여졌음을 추측할 수 있다.

삼국지와 후한서 동이전에 의하면 부족국가시대에는 북부지방에 거주했던 읍루(揖婁)와 말갈(靺鞨)인들이 피부 관리를 하였다고 한다. 읍루인들은 가공된 돼지기름을 사용하였고, 말갈인들은 오줌으로 세수를 하였다. 당시 읍루인들의 돼지기름 사용은 피부보호 뿐 아니라 겨울철 동상을 예방했으며, 말갈인들의 오줌세안은 피부를 희게 가꾸기 위한 것으로 실제로 오줌은 미백에 효과가 있으며, 오줌의 성분인 유레아(UREA)는 피부의 보습효과를 높여 준다.

그림 2-1 채협총의 채화칠협

반면 마한(馬韓)과 변진(弁辰) 등 남부지방에서는 원시화장의 형태로 문신이 성행하였다. 우리나라 문신의 유래는 고대에서부터 볼 수 있는데 이는 장식을 위한 원시 화장이었으며, 신분을 구별하기 위한 수단이었다.

또한 낙랑의 유물인 채협총(彩教塚)의 채화칠협(彩畵漆教)을 보면 이마가 넓고 눈썹이 굵고 진하며 머리가 정돈되어 단정하게 차린 모습의 화장형태를 볼 수 있다(그림 2-1).

2) 삼국(三國)시대

(1) 고구려(高句麗, BC 37~AD 668)

고구려는 삼국 중 지리적으로 중국에 가장 가까이 위치하였고 자연스럽게 중국과의 교역이 활발하게 이루어지면서 화장 문화에 있어서도 교류가 이루어졌다. 그 대표적 예는 연지라 할 수 있는데 연지의 전래를 살펴보면 그 시초는 중국 은(殷)나라의 주왕 때 사용되었고, 중국에서 성행하였던 연지가 고구려에 전해졌다. 4~5세기경 고구려에서는 연지 제조기술이 발달하였으며, 당시 연지의 사용은 일반화되었다고 볼 수 있다. 그 이유는 쌍영총의 벽화에서 귀부인들이 연지를 사용하였고, 「삼국사기(三國史記)」에서는 무녀와 악공이 연지화장을 한 사실을 알 수 있어 당시 연지는 신분의 상하에 관계없이 보편화되었음을 알 수 있다. 이 후 고구려는 일본에 연지를 전파하였는데 고구려 구하사(九下司)의 「화장(化粧)」에 의하면 '유고천왕 18년(A.D 610년) 9월 고구려의 담징이 그 종자를 가지고 왔다'라고 전하고 있다.

고구려의 화장 문화는 고구려의 고분벽화인 안악3호 무덤과 수산리 고분벽화, 쌍용총 고분벽화를 통해 당시 여인들의 화장풍속을 엿볼 수 있다. 먼저 안악3호 무덤(그림 2-2)의 초상화에 나타난 부인상에서는 살찐 얼굴외형에 잘 다듬어진 가늘고 선명한 눈썹에 가는 눈매, 붉고 작은 입의 후덕한 여인의 모습을 볼 수 있다.

그림 2-2 안악 3호분의 부인상

반면 수산리 고분벽화(그림 2-3)의 귀부인과 시종의 모습을 살펴보면 갸름한 얼굴형에 눈썹화장은 넓은 곡선 형태로 다듬었고, 연지, 곤지 화장을 하고 있다.

또한 고구려 쌍영총(그림 2-4)에 나타난 여인들의 모습을 살펴보면 수산리 고분벽화의 여인들과 화장경향이 비슷하게 나타나고 있다. 즉 갸름한 얼굴에 잘 다듬어진 둥근 눈썹과 뺨, 그리고 입술을 연지로 단장하고, 붉은 눈화장까지 하고 있는 모습을 볼 수 있다. 따라서 고구려시대에 기초화장은 물론 색조화장도 성행하였음을 알 수 있다.

그림 2-3 수산리 고분벽화

그림 2-4 쌍영총 고분벽화

(2) 백제(百濟, BC 18~AD 660)

백제의 미용문화는 고구려와 신라에 비해 유적 및 유물, 문헌기록이 적어 화장품의 제조기술이나 화장용구와 같은 화장 문화에 대한 구체적인 양식을 파악하기가 어렵다. 하지만 지리적 조건을 살펴볼 때 한반도 서남부에 위치하였던 백제는 중국 남조문화와의 교류가 이루어져 화장술이나 화장품 제조기술에 있어서도 교류가 이루어졌을 가능성이 있다. 백제의 화장법에 관해서는 중국문헌인 「수서(隋書)」 열전 편에 '부인이 분대를 하지 않고 머리를 변발하여 뒤로 늘어뜨린다'는 기록과, 백제의 화장경향을 지칭할 수 있는 시분무주(施粉無朱), 즉 분은 발랐으나 연지는 바르지 않았다는 기록이 있다. 이를 통해 백제는 연지나 분대화장이 발달하지는 않았고, 백제 문화의 온화하고 섬세한 특성과 마찬가지로 엷고 은은한 화장을 추구하였을 것으로 볼 수 있다. 이러한 백제의 화장술은 당시 일본으로 전래되었는데 중국 명대(明代)백과사전인 삼재도회(三才圖會)에는 백제의 화장품 제조기술과 화장법이 일본으로 전래되었다는 기록과 6세기의 일본서기(日本書紀)에 백제의 의박사(醫博士), 채약사(採藥師) 등이 일본에 파견되었다는 기록이 있다.

그림 2-5 백제의 토기합, 5~6세기 화장용기

그림 2-6 가야의 토기화장합

(3) 신라(新羅, BC 57~AD 668)

신라는 아름다운 육체에 아름다운 정신이 깃든다는 영육일치사상(靈肉一致思想)과 불교문화를 바탕으로 한 화장 문화가 형성되었다. 「삼국유사(三國遺事)」를 보면 '새 국가의 임금이 된 박혁거세는 아름다운 남자였으며, 그의 왕비는 빼어난 미녀였다'라는 기록이 있다. 그 당시 사회의 지도자로서 미인과 미소년을 뽑은 화랑(花郞)과 원화(源花)제도가 있어 남자인 화랑들도 목걸이, 귀걸이 같은 장신구로 치장하고, 화장을 했었던 것으로 보아 당시 신라에서의 영육일치사상으로 인해 미에 대한 관심이 대단하였음을 알 수 있다. 또한 불교가 전래되면서 불교의식을 행하는데 있어 청결함이 강조되면서 목욕문화와 향이 발달되었다. 목욕시설의 발달과 더불어 목욕용품도 발달되었는데 쑥탕, 쌀겨탕을 이용하거나, 비누와 같은 세제의 역할로 쌀, 녹두, 팥 등으로 조두(俎豆)를 만들어 사용하였다. 향의 사용은 매우 대중화되어 신분의 귀천(貴賤)에 관계없이 여성들은 향낭을 지니고 다녔으며, 이는 「삼국유사」 탑상편에 '성덕왕 즉위 8년, 아름다운 낭자가 난사(蘭麝)를 풍기며 나타났다'는 기록을 통해서도 당시의 향 문화를 엿 볼 수 있다.

신라의 화장법에 관해서는 「신당서(新唐書)」 열전 편에 '분대를 하지 않고 미발(美髮)을 머리에 두르고 주채(珠綵)로서 장식하였다'는 기록이 있다. 신라의 여성들은 연지를 이용한 분대화장법을 사용하지 않았으나 화장기술과 화장제조기술이 발달하여 백분(白粉)과 연분(鉛粉)을 사용하였고, 눈썹화장을 할 수 있는 미묵(眉墨)이 있었다. 특히 연분(鉛粉은 692년에 한 스님이 일본에서 연분을 만들어 주고 상을 받았다는 기록이 있는 걸로 보아 7C경에 이미 신라에서는 연분을 사용하였음을 알 수 있는데, 이는 세계적으로 화장품 발달역사에 있어서도 매우 획기적인 사건이라고 볼 수 있다. 「삼국유사(三國遺史)」에 김유신의 누이인 문희가 엷은 화장을 했다는 기록이나, 중국기록에 신라 여성은 화장이나 눈썹 그리기를 하지 않았다는 것으로 보아 신라의 화장법은 엷고 섬세한 화장이었음을 알 수 있다.

(4) 통일신라(統一新羅, AD 668~935)

삼국시대를 이은 통일신라는 정치적, 경제적으로 안정을 이루었으며 당(唐)과의 활발한 교류를 통해 화장 문화 역시 이국적이고 화려하게 발달하였다. 특히 「삼국사기(三國史記)」에 문무왕(文武王) 6년, '부녀의 모든 복장을 당(唐)의 것과 동일하게 하라'는 기록을 보면 당시 복제(服制)와 함께 화장도 화려해져 색조화장이 매우 짙어졌을 것으로 추측된다. 따라서 백분에는 붉은 색을 염색한 색분(色粉)을 제조하여 연지와 함께 볼연지로 사용하였고, 또한 남자 화랑이나 남자 무용수들은 화장을 하고 화려하게 치장을 하였다. 이렇듯 통일신라때는 화려해진 화장 뿐 아니라 화려한 장신구들을 많이 사용하여, 치장을 하는데 있어 의상, 장신구, 화장 등이 모두 완벽하게 갖추어지도록 하였다.

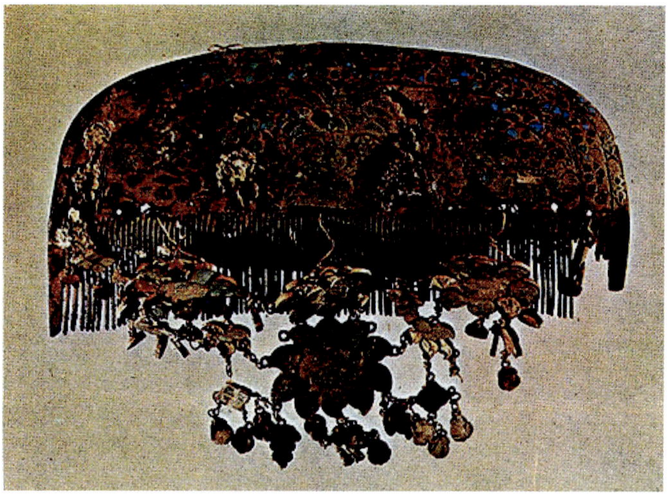

그림 2-7 장식빗, 통일신라시대

3) 고려시대(高麗 , 918~1392)

고려는 통일신라시대의 정치, 제도와 문화를 계승하는 정책을 시행하면서 국교인 불교와 영육일치사상이 그대로 계승되어져 화장문화 또한 통일신라시대의 양식이 전승되었다. 그리고 국초부터 중국의 기녀(妓女)제도를 받아들여 교방(交坊)을 두고 기녀를 제도화 시킴으로서 화장이 더욱 화려해졌고, 탐미주의 색채가 짙어졌다.

고려시대의 화장 경향에 관한 문헌기록을 살펴보면 먼저 「고려사(高麗史)」 절요(節要)에는 '부인들이 몸치장에 있어 얼굴에 바르는 것을 좋아하지 않아 분만 바르고 연지를 쓰지 않으며(不喜塗澤 施粉無朱) 버드나무 잎같이 가늘고 아름다운 눈썹을 그렸다'고 하였다. 또한 서긍(徐兢)의 「고려도경」에 따르면 '고려의 귀부인들은 향유(香油) 바르기를 좋아하지 않고 분은 바르되 연지를 즐겨 바르지 않았다. 그리고 검은 비단으로 만든 너울을 쓰고 감람(橄欖) 빛깔의 넓은 허리띠를 두르고 채색한 끈에 금방울(金鐸)을 달고 비단 향낭(錦香囊)을 찼는데, 향낭을 많이 패용할수록 자랑스럽게 여겼다'고 하였다.

그림 2-8 고법리벽화, 고려시대 후기

그림 2-9 팔부중공양 수월관음, 일본 대덕사 소장

「고려도경」 제 20권에 따르면 고려시대는 눈썹 화장이 발달하여 눈썹먹(黑)으로 버들잎 모양의 눈썹을 그렸고, 눈썹을 그릴 때에는 작은 붓을 사용하여 그렸는데 눈썹을 그리는 먹이 없을 때에는 굴참나무, 너도밤나무의 목탄과 솔의 유연(油煙)을 이용하여 기름에 갠 것을 사용하였다. 이러한 기록을 살펴보면 고려시대 여인들의 화장경향은 주로 분을 많이 사용하였고, 눈썹의 모양을 정교하게 그렸으며 연지는 사용하지 않으며 엷고 우아한 화장이 지속되었음을 알 수 있다.

그러나 고려 초부터 제도화되어 나타난 기생의 분대화장을 살펴보면 고려시대의 기생들은 당시 기생양성소인 교방(敎坊)에서 기생을 직업적으로 양성하는 과정에 있어 화장법을 교육시키고, 이들이 사용할 화장품을 지급하여 기생들이 분대화장을 하도록 하였다.

분대화장이란 주로 분과 눈썹먹을 사용하는 것에 따라 분대(粉黛)화장이라 지칭되었고, 화장법은 얼굴이 창백하게 보일만큼 분을 하얗게 많이 바르고, 눈썹을 가늘게 다듬어 또렷하게 그리고, 입술은 붉게 연지를 바르고, 볼은 복숭아색을 띠게 하였으며 머릿기름은 반질거릴 정도로 많이 바르도록 하여 일반 여성의 화장경향과는 달리 매우 짙은 화장을 하였다. 이렇게 화려하게 화장한 기생이나 궁의 여인들을 분대라 별칭 할 만큼 화려하고 상징적인 치장으로 일반 여인들의 화장법과 이원화되어 나타나기 시작하였고, 화장법의 이원화 경향은 고려시대에 그 기반이 조성되어 조선시대까지 이어지게 되었다.

4) 조선시대(朝鮮, 1392~1910)

조선시대의 화장경향은 고려시대보다 이원화가 더욱 뚜렷하게 나타났는데, 미의식 또한 이상적인 여인상과 미인상으로 구분되어 나타났다. 즉, 이상적인 여인상은 지(知), 덕(德), 체(責)의 삼위일체를 이루어야 하며 용모에서 얼굴은 둥근형이고, 야위지 않았으며, 살빛은 희고, 전체적인 골격은 건강한 편이고, 머리숱이 많으며 검고, 인중은 긴 편이고, 입술은 붉은 형태가 이상적인 부인상이었다. 미인상의 용모는 옥같이 흰 살결, 가늘고 수나비 앉은 듯한 눈썹, 구름을 연상시키는 숱 많은 머리, 복숭아빛 뺨, 앵두빛의 입술, 박속처럼 흰 이, 가는 허리 등으로 묘사될 수 있는데 이러한 외형의 여성은 소문난 명기의 생김새와 일치하였다.

당시의 일반적인 화장경향의 이원화에 있어 먼저 일반적인 화장경향을 살펴보면 조선시대에는 유교적인 도덕관념과 남성우월적인 사회풍조, 전란(戰亂)으로 인한 경제적 어려움 등으로 화장이 크게 위축되었다. 「조선왕조신록(朝鮮王朝實錄)」에 보면 일반 상류층 여인들은 평상시에 화장을 하지 않았고 손님을 맞을 때나, 나들이 할 때만 화장을 했으며, 여염집 여인들은 기녀로 오인을 받는 것을 우려해 화장을 옅게 하였고 일반 부녀자들 중에는 세수와 빗질 만을 하고 아예 화장을 하지 않는 경우도 많았다고 한다. 조선시대 부인들의 화장법에 관한 문헌을 살펴보면 빙허각(憑虛閣) 이씨(李氏)의 「규합총서(閨閤叢書)」에는 여러 가지 두발형태, 열 가지의 눈썹 그리는 법(십미요, 十眉謠), 입술연지 찍는 법(점순명, 點郭名)이 소개되어 일반여성

그림 2-10 신윤복의 미인도

그림 2-11 김홍도의 미인도

의 화장이 피부 기초화장 위주의 엷은 색조에 은은하고 수수한 담장 화장을 즐겼음을 알 수 있다. 이와 달리 조선시대 분대 화장은 기생을 중심으로 더욱 화려해 졌으며 「조선왕조신록(朝鮮王朝實錄)」 연산군(燕山君) 일기에 따르면, 장악원(掌樂院)을 만들어 전국의 기생들을 모아 미모에 따라 3등급으로 나누고, 얼굴화장은 하얗게 분을 바르고 초생달 같은 눈썹을 그렸으며 붉은 입술연지를 바르는 분대화장을 적극 장려하였다. 또한 궁중의 화장품 제도를 전담하는 보염서(補艶事)라는 기관으로 하여금 기녀들에게 머리화장기구와 화장구(化粧具)를 부족하지 않게 마련해 줄 것과 특히 분(粉)은 각 자가 준비하기 어려우므로 많은 수량을 사서 주라고 명하였다. 이 외에 조정에는 경장(鏡匠) 및 소장(梳匠)이 있었고 분장(粉匠)과 향장(香匠)이 관장으로 존재하였다. 그러나 이러한 시책에도 불구하고 궁중 내 수많은 여인들의 경쟁적인 분대화장은 궁내 향장품의 품절을 초래하기도 하였다. 경국대전(經國大典)」을 보면 기녀들에게 능라비단(綾羅緋緞)의 사용이 허용되었고, 연산군 10년 기녀들이 부정장(不冗裝)했다는 이유로 곤장을 받았다는 기록이 있다. 따라서 일반 화장경향이 매우 소박해진 반면 분대화장은 정책적인 지원을 바탕으로 발달되어 화장의 이원화 현상이 극대화 되었다.

이렇듯 당시에는 여염집 여성들의 생활화장과 기생·궁녀 등 특수층 여성의 의식화장이 더 뚜렷하게 구분되어 나타났지만 예외적으로 여염집 여성들의 혼례식 때는 신분화장인 응장(凝粧)의 모습으로 얼굴에 하얀 분을 두껍게 바르고 양 볼에 연지와 이마에 곤지를 찍고 입술연지를 바른 짙고 화려한 화장을 하였다.

조선시대 화장품과 화장도구에 관한 기록을 살펴보면 숙종 연간의 「여용국평란기(女容國平亂記)」에는 당시 여인들이 사용했던 여러 가지 화장품과 화장도구가 등장하는데 연지(朱鉛), 분(白光), 향(防臭), 면분(白圓), 밀기름(蠟容), 곤지(潤鉛), 참기름(油眞) 등 일곱 종류의 화장품이 등장하였다. 그리고 화장도구로는 거울, 비녀, 족집게, 얼레빗, 참빗, 양칫대, 비누, 수건의 여덟 종류가 있었다. 이는 당시 화장정도를 짐작해 볼 수 있는 중요한 자료이다. 또한 숙종(肅宗 : 재위 1674~1720) 연간에 화장품 행상인 매분구(賣粉櫓)가 존재하였고, 이 외에 전문상점을 통하여 판매되었는데 육의전(六矣廛) 가운데 분전(粉廛)은 백분을 취급하는 점포였는데 이러한 곳에서 여러 가지 화장품과 화장도구도 취급하였다.

그림 2-12 **조선의 기생(장연홍)**

5) 근대개화기~해방이전

1876년의 강화도 조약 이후, 우리나라는 문호를 개방하면서 미용분야에서도 재래 화장품과 화장법이 신식화장품과 화장법으로 교체되기 시작하였다. 개화초기 주로 일본과 청국에서 화장품이 유입되었고, 1920년대 이후에는 유럽화장품이 들어오기 시작하였다. 개화기 초기에 궁중에서는 재래식 화장품에 의한 화장법이 고수되었으나 궁궐 밖에서는 재래화장품 보다 사용법이 간편하고 품질이 좋은 외래화장품이 확산되기 시작하였다.

이와 같이 수입화장품의 유입과 아울러 수입화장품을 이용한 신식화장법이 도입되었는데 신식화장법은 피부에 분을 뽀얗게 바르고 입술연지는 색깔이 진해졌으며 향수와 비누의 사용으로 향이 강해졌다. 또한 1927년 11월 27일 조선일보에 기재되었던 기사를 보면 여러 가지 분의 색상 즉 흰색, 살색, 분홍색, 청색, 황색, 자색 등은 광선에 따라 다르게 사용되는 경우와 피부색에 따라 사용되는 경우가 있었다. 이와 같이 분빛 및 연지의 빛과 향기는 그 시대의 유행을 나타낸다고 하여 이전보다 발달된 색채 메이크업이 사용되었음을 알 수 있다. 이러한 신식화장법은 신식교육을 받고 서구문화를 받아들인 신여성에 의해 유행되었으나 이러한 유행이 기생이나 접대부 여성 사이에 유행하기 시작하여 일반여성들에게는 기피되었다. 당시 일반 여성들은 신식화장품을 사용하였지만 화장법은 전통화장법을 고수하여 엷고 점잖은 화장으로 깨끗한 피부를 표현하기 위해 분을 약간만 바르고 볼과 입술연지도 연하게 하여 담장화장과 유사한 화장법을 고수하는 정도였다. 따라서 개화기의 화장 경향은 재래화장품과 화장법이 신식화장품과 화장법으로 교체되면서 당시에는 공존하여 나타났다.

그림 2-13 윤비와 궁중여인들(1900년대)

그림 2-14 **잡지 신여성(1923)**

6) 해방이후~현대

1945년 8월 15일 우리나라는 해방을 맞이한 이후 미군정을 거쳐 1948년 대한민국 정부가 수립되고 근대 정치의 역사가 시작되었지만 1950년 6.25사변을 거치면서 화장 산업 및 문화가 위축되었다.

1950년대 이후 서구문명이 급격히 밀려옴에 따라 화장 문화에 대한 의식도 변화하기 시작하였지만 당시 화장 문화는 화장에 대한 기초지식과 정보가 부족하였기 때문에 서구식화장을 단순히 모방하는 차원이었다. 따라서 1950년대 유행하던 화장경향은 피부색을 약간 밝게 하고 눈썹은 두껍고 진하게 그리며, 긴 속눈썹에 길고 확실한 아이라인을 그려서 눈매를 강조하였다. 아이섀도 또한 눈이 입체적으로 보이도록 사용하였으며 피부표현도 서양여성들이 혈색 있게 보이기 위해 핑크색을 쓰는 것을 그대로 받아들여 핑크계통의 화운데이션과 립스틱이 유행하였다. 또한 기초화장품에 있어서 가장 두드러진 특징은 콜드크림의 사용으로 색조화장 또한 윤기가 흐르고 번들거리는 화장법이 유행하였다.

그림 2-15 1950년대 영화 자유부인 포스터

1960년대 화장 경향의 가장 큰 특징은 서구 여성의 뚜렷한 얼굴 윤곽을 표현하기 위한 입체화장의 도입과 당시 프랑스의 여배우인 브리짓드 바르도(Brigitte Bardot)의 반항적이면서 섹시한 메이크업이 유행하는 것이었다. 또한 피부표현에 있어서는 이전의 핑크색 계열을 사용하던 모방의 단계에서 벗어나 우리나라 여성의 피부색에 적합한 오크(Oak)색계열의 화운데이션을 이용하였다.

그림 2-16 1960년대 브리짓 바르도

그림 2-17 1960년대 여배우 문희

1970년대 화장 문화는 화장품 산업의 발전과 더불어 화장품 회사가 전개하는 메이크업 캠페인이 대중화되었다. 당시 화장경향은 다양한 색조 화장의 사용으로 아이섀도 색채가 다양해졌으며 70년대 중반에는 전반적인 화장패턴도 동양인의 얼굴에 맞는 자연스러움을 강조하게 되었다.

1980년대 화장 문화는 각 TV 방송국들이 칼라 화면으로 방영을 시작하면서 새로운 양상으로 전개되었다. 즉 연령층에 구분 없이 화장이 보편화되고 화려함이 강조되어 다양한 색상이 사용되었다. 80년대 가장 유행되었던 화장은 짙고 두꺼운 눈썹, 빨간 립스틱, 브라운계열의 아이섀도에 의한 보이쉬(Boyish)한 이미지였으며, 80년대 후반에는 내츄럴한 베이스에 원 포인트 메이크업이 유행하였다.

1990년대 화장 문화는 고도의 경제성장과 더불어 개인의 의식수준이 높아지면서 자신의 개성에 맞는 메이크업을 표현하려는 경향을 보여 다양한 메이크업 스타일이 혼재하였으며 메이크업에 많은 변화가 이루어진 시기라고 할 수 있다. 화장경향에 있어서 두드러지게 나타난 특징은 에콜로지(Ecology)경향과 포스트모더니즘(Postmodernism)의 영향을 들 수 있다.

그림 2-18 1970년대
오, 마이러브 한혜숙

그림 2-19 1980년대
화장품광고, 황신혜

2. 서양 메이크업의 역사

서양 메이크업의 역사는 4대 문명의 발상지 중 하나인 이집트에 기원을 두고 있으며, 지중해의 그리스와 로마 시대를 거치면서 메이크업의 틀이 형성되었다. 고대 로마시대 이후 서양 미용 문화의 중심지는 유럽으로 이동하여 중세, 르네상스, 바로크, 로코코, 근대, 현대로 이어져 오고 있다.

고대 이집트에서 화장은 사회적 계급이나 성별을 떠나서 이미 보편화되어 있었는데, 그 기술이 상당히 세련되었다는 것을 유물을 통해서 알 수 있다. 이집트의 메이크업은 화려한 색채의 아이섀도와 아이라인이 특징적이며 그 형태는 이집트 각 왕조마다 다르게 나타났다. 이러한 화장법과 화장품이 이 후 지중해 여러 나라 화장법의 전거(典據)가 된 것으로 추측되며, 고대 그리스 화장법은 당시 문학작품이나 유물을 통해서 알 수 있다. 로마시대의 화장경향은 그리스와 유사하였으나 흰 피부를 선호하여 백연(ceruse)을 과도하게 바르고 눈썹먹과 아이섀도를 사용하였다.

이 후 중세시대는 기독교적 금욕주의 사상의 영향으로 메이크업의 침체기를 맞이하였다. 당시 여성들은 화장 하는 것을 신에 대한 모독으로 생각하여 금기시하였으며, 이는 르네상스시대에 이르러서 비로소 여성의 아름다움에 대한 관심이 나타나면서 새로운 화장법이 성행하였다. 이 후 바로크 시대는 미의 기준이 이전과 달리 크게 변화하였으며 로코코 시대에 이르기까지 메이크업은 인위적이고 화려하게 발달하였다.

19세기에는 프랑스 혁명과 자연주의 사상으로 인해 자연스럽고 우아한 화장이 유행하였으며 19세기 말에서 20세기 초까지 산업화, 도시화의 영향으로 사회가 대중화되었고, 의학, 화학, 과학 등의 급속한 발달이 이루어지면서 가치관, 예술양식, 생활양식 또한 큰 영향을 받게 되었다. 메이크업 또한 모더니즘의 영향으로 단순성과 기능성이 강조된 스타일이 유행하다가 20세기 후반에는 새로운 시도와 절충(Mix & Match)을 통한 다양한 스타일이 창조되었다.

1) 고대 이집트 시대(B.C. 7500)

아프리카 대륙의 북동부에 위치한 이집트는 나일강을 중심으로 고대 문명이 형성되었으며 농경을 중심으로 정치, 문화, 예술 등에서 우수한 문화를 발달시켰다. 고대 이집트 메이크업은 B.C. 7500년부터 시작되었고, B.C. 3000년경 이후 종교적 의미를 지닌 메이크업이 중요하게 여겨졌다. 고대 이집트인들의 메이크업은 사막의 척박한 자연환경으로부터 신체를 보호하기 위한 목적과 종교적 의미, 상징적 의미가 내포되었다. 이집트 고대 무덤에서 발굴된 유물들을 살펴보면 당시 이집트인들의 화장품 제조 기술이 매우 발달하였고, 화장 문화 또한 매우 세련되고 화려하고 강한 색채 감각으로 표현되었다.

그림 2-20 네페르티티 여왕의 화장형태

화장법 중 가장 중요시 되었던 부분은 눈 화장으로 코올(Kohl)로 아이라인을 그렸으며, 공작석(Malachite)에서 얻어진 나일블루(Nail blue)라는 청색으로 아이섀도를 칠하여 곤충의 접근을 막는 동시에 종교적이며 장식적인 기능을 추구하였다. 눈썹은 검은색으로 길게 늘여 그렸고, 전체적인 눈 화장법은 각 왕조마다 그 형태가 다르게 나타났는데 눈의 표현방법은 호루스 신의 눈과 물고기 형태의 모습을 기본으로 하면서 각 왕조마다 아이라인과 눈썹의 형태가 변화되었다. 볼과 입술의 화장은 볼은 분홍색, 입술은 짙은 남색과 홍색, 황색(Ocher)으로 표현하였고 입술 보호를 위해 립글로스에 해당되는 연고를 사용하기도 하였다.

그림 2-21 고대 이집트의 다양한 눈 화장법

2) 그리스 시대

유럽의 남동부에 위치한 그리스(Greece)는 지중해와 에게해(Aegean Sea)를 중심으로 B.C. 2000년경에 고도의 문명을 이룩하였고 폴리스(Polise)사회를 기반으로 철학, 과학, 문학, 미술 등의 문화가 매우 다채롭게 발달하였다. 그리스 시대의 메이크업은 사회적으로 인위적인 아름다움보다는 균형에서 비롯되는 조화와 자연미를 중요시하여 색조화장이 발달하지는 못하였다. 따라서 당시 여인들은 자연스러운 모습이 가장 아름다운 것이라 여겨 색조화장보다는 목욕 후 향유를 바르는 기초화장을 하였다.

이와 달리 그리스의 헤타이라(Hetaera : 창녀)는 전신화장과 짙은 색조화장을 하였는데 백납분으로 피부를 하얗게 표현하고 볼연지로 얼굴에 생기를 주었으며 입술은 붉게 표현하였다. 눈썹은 미간을 좁게 보이도록 하기 위해 진하고 긴 아치형으로 그렸으며, 인조속눈썹을 사용하기도 하였다. 전신화장은 연지로 유두부분을 붉게 칠하고, 볼연지와 분을 섞어 엉덩이에 둥글게 칠하였다. 이와 같이 고대 그리스의 화장경향은 이원화되어 나타났는데 그리스어의 화장술에 대한 용어 또한 '코스메티케 테크네(Kosmtike techne)'와 '코모티케 테크네(Komotike techne)'로 나누어진다. 코스메티케 테크네는 의학에 속하는 학문으로서 의학적인 보호수단으로서 화장술의 의미하였고, 코모티케 테크네는 과도한 장식적인 화장술을 의미하였다.

그림 2-22 B.C. 5세기 암포라 항아리

그림 2-23 B.C. 5세기 그리스 거울

3) 로마 시대

로마(Roma)는 현재의 이탈리아 테베레(Tevere)강을 중심으로 B.C. 8세기에 전개되어 A.D. 5세기 후기까지 13세기 동안 지속되었다. 일찍이 외래문물의 수용에 관대하여 그리스 문화를 토대로 헬레니즘, 에트루리아, 이집트의 문화를 흡수면서 현실적, 물질적, 실용적인 문화를 발전시켰다. 로마시대의 메이크업은 B.C. 3세기경 그리스의 식민지였던 남이탈리아를 정복한 이후 시작되어 B.C. 1세기경부터 여성의 머리염색, 가발, 향료, 분과 연지를 사용하면서 본격적으로 발달되었다. 로마 전성기 상류층 여성들은 피부 관리와 메이크업을 중요 시하여 이를 위해 마사지, 피부 관리, 매니큐어와 패디큐어, 제모, 머리손질, 메이크업을 담당하는 전문적인 노예들이 있었다. 당시의 화장경향은 그리스의 여성들과 대체로 유사하였으나 특히 흰 피부를 선호하여 피부를 하얗게 하기 위해 백연(Ceruse)을 과도하게 바르고 눈과 눈썹은 안티몬(antimon)으로 검고 진하게 표현하였다. 색조화장은 피부색에 맞는 분과 연지 및 아이섀도를 사용하였는데 볼은 붉은 색과 자주색으로 혈색이 있어 보이도록 하였다. 따라서 로마시대의 미인형은 큰 키에 금발머리, 창백해 보일 정도로 흰 피부에, 눈에는 검은 색 라인을 그린 후 샤프란(Saffron)으로 황색 선을 긋고 속눈썹은 짙게 칠한 모습이었다.

그림 2-24 기원전 60년경, 폼페이의 프레스코 벽화

그림 2-25 기원전 60년경, 폼페이의 프레스코 벽화

4) 중세 시대(4~15세기)

중세시대는 서로마 제국의 몰락(395년경)에서부터 15세기 초까지 약 1000여년간 지속되었다. 봉건사회를 기반으로 기독교가 생활의 중심이 된 중세에는 종교적인 이념으로 인해 문화 및 예술의 암흑기가 전개되었고 중세의 메이크업 역시 초기에 기독교적 금욕주의 사상의 영향으로 인해 금기되었다가 중세 말기에 무역이 활성화되고 생활이 윤택해짐에 따라 여성들의 화장에 대한 관심이 다시 생겨나게 되었다.

(1) 비잔틴 시대(4~10세기)

최초의 그리스도교 국가였던 비잔틴(Byzantine)제국은 4세기 초 콘스탄티누스(Constantinus)대제가 비잔티움(Byzantium : 현재의 터키 이스탄불)에 새로운 로마(Nova Roma)를 창건하였다. 비잔틴 문화는 기독교의 종교적 배경을 중심으로 로마의 법과 제도 그리고 그리스의 헬레니즘 문화가 계승, 보존되어 나타났다. 교회의 지배력이 강해지면서 기독교의 금욕주의 영향으로 인해 메이크업은 이전보다 후퇴하였다. 당시 화장은 신이 주신 인간의 얼굴을 가면으로 감추는 행동으로서 신에 대한 모독으로 간주되어 금기되었고, 화장을 하는 것은 음탕함과 매춘의 상징이 되었다. 따라서 교회에서는 여성이 신체를 가꾸고 화장을 하는 행위를 엄격히 제한하였고, 목욕마저 제한하여 체취를 없애기 위한 향수나 향료가 사용되었다. 당시 화장의 형태는 눈썹에 기름을 발라 눈썹의 결을 정리하고, 얼굴을 하얗게 하는 간단한 화장이었다. 메이크업에 있어 색을 사용하는 예외적인 경우가 있었는데, 교회학자(Doctor of the church) 그레구아르드 나지앙스(Gregoire de Nagience)가 처녀들의 볼에 정숙함을 표시하기 위해 붉은 색을 쓰는 것을 허용하여 색이 제한적으로 사용되었다. 이 외에 메이크업은 당시의 예능인이나 행동이 정숙하지 못한 여인들에 의해 행해졌다.

그림 2-26 성소피아 성당의 부조(왼쪽, 콘스탄티누스 8세의 공주'조에')

그림 2-27 1278~80, San Francesco, Assisi

(2) 로마네스크 시대(11~13세기)

비잔틴제국의 멸망과 동시에 동부 유럽은 게르만 민족에 의해 프랑크 왕국이 건국되었고, 북부 유럽은 노르만 민족에 의해 노르만 왕조가 건국되었다. 당시 유럽은 그리스도교의 성지탈환을 위한 십자군 원정이 시작되었고, 유럽과 동방의 교류도 활발히 이루어졌다. 문화적 측면에서 기독교는 11세기부터 12세기에 이르는 동안 전 유럽의 시대정신으로 부각되면서 중세문화를 지배하였고, 기독교를 중심으로 한 유럽 고유의 양식에 동양적인 요소가 더해진 로마네스크(Romanesque) 시대가 전개되었다.

그림 2-28 로렌체티(Ambrogio Lorenzetti), 수태고지, 1344

로마네스크 시대의 메이크업은 십자군 전쟁 이후 동양으로부터 안티몬(Antimony), 향유 등의 화장재료와 회교도의 화장법이 전해지면서 다시 부활되었다. 12세기에는 파르(Fard : 화장품)라는 명사가 생겨났으며, 이는 '채색하다'라는 의미를 지니고 있는 프랑스어 파르주안(Farjwan) 또는 파르위동(Farwidon)에서 파생되었을 것으로 추측된다. 당시의 화장 경향은 피부를 하얗게 보이도록 하기 위해 흰색과 핑크색의 수용성 안료를 사용하였고, 자연스러운 눈썹 형태와 볼륨 있는 도톰한 입술을 표현하기 위한 메이크업이 행해졌다.

그림 2-29 마르티니(Simone Martini),
성전에서 찾은 그리스도, 1342

(3) 고딕 시대(14~15세기)

고딕(Gothic)이란 로마네스크의 발전을 이은 결과로서 12세기 후반 프랑스를 시작으로 하여 유럽 전역에 파급된 특유의 문화 양식으로 그 용어는 게르만 민족인 고드족(Goths)이라는 어휘에서 유래하였다. 당시 유럽은 도시의 상공업이 번영하면서 정치, 경제, 문화가 발달되었고 지방자치도시의 형성과 신분제 의회의 출현에 의해 왕권이 강화된 절대 국가체제가 갖추어지면서 교회의 권력은 상대적으로 위축되었다.

그림 2-30 1435~1438,
지네브라 데스테(Ginevra d'Este), 피사넬로(Pisanello)

이 시대의 메이크업은 이원적인 경향을 보이는데 기독교적인 화장에 대한 혐오 풍조와 이상적인 여성의 아름다움을 표현하기 위한 화장의 형태가 공존하였다. 당시의 미인은 창백한 피부, 넓은 이마, 갈색 아치형의 눈썹, 장미 빛 작은 입술, 새하얀 치아, 섬세한 손톱을 가진 여성이었다. 따라서 여성들은 이마를 넓게 하기 위해 앞머리의 털을 제거하기 위해 노력하였고, 머리는 갈색으로 물들였으며, 눈썹을 가늘고 갈색이며 아치형으로 다듬었다. 얼굴은 창백하게 보이도록 하고, 치아는 희게 가꾸었으며, 입술과 뺨, 손톱은 붉은 색으로 표현하였다.

그림 2-31 Margaret Van Eyck, 1439

그림 2-32 Weyden, Rogier van der, Portrat einer Dame

5) 르네상스 시대(16세기 중엽)

중세시대의 뒤를 이은 르네상스(Renaissance)시대는 문화의 재생 및 부흥을 뜻하는 시대로 14세기경부터 시작되어 16세기까지 이어졌다. 중세시대 기독교의 교회 중심으로 이루어진 문화가 인간 중심으로 이동되면서 인간의 자아를 발견하고 인간 본연의 순수한 미의식을 추구하고자 하였다.

그림 2-33 Eleonora di toledo, 아놀로 브론지노(Agnolo Bronzino) 1543

그림 2-34 Lady with an ermine, Leonardo da Vinci, 1489~90

그림 2-35 Isabella d'Este, Vecellio Tizsiano, 1534~36

그림 2-36 The Birth of Venus, Sandro Botticelli, 1485

그림 2-37 엘리자베스 1세 초상, 1592

따라서 중세의 종교적인 속박에서 벗어나 여성의 아름다움에 대한 관심을 가지기 시작하면서 메이크업 또한 새로운 화장법과 화장품 제조기술이 성행하였다. 화장 경향은 흰 피부를 표현하기 위해 여러 가지 화장품을 사용하는데 주로 백납분이나 회화용 재료를 사용하였다. 그 예로 영국의 엘리자베스(Elizabeth)여왕은 알라바스터(Alabaster) 분말과 점토, 마스크팩(Mask Pack), 백납분 등의 다양한 재료를 사용하였다. 당시 여성들은 넓은 이마를 드러내는 것을 아름답게 여겨 넓은 이마를 만들기 위해 헤어라인을 깎았고, 눈썹은 가늘게 다듬었다. 눈, 뺨, 입술에 색조화장을 사용하였는데 15세기 초 이탈리아 여성을 중심으로 이루어진 색조화장이 후에 유럽 전역으로 유행하게 되었다. 르네상스 시대 색조화장에 사용된 색채는 빨강, 파랑, 짙은 주황, 진보라와 같이 화려한 색이 선호되었다.

6) 바로크 시대(17세기)

17세기는 르네상스에서 바로크(Baroque)로 이어지는 시기로서 바로크 양식은 16세기 말 이탈리아에서 나타나기 시작했으며 유럽에서는 17세기에 활성화되었다. 이 시기는 정치적으로 군왕의 절대주의 시대에 해당되며, 사상적으로는 기독교적 사고에서 벗어난 계몽주의 시대에 해당된다. 바로크의 어원은 '일그러진 진주'를 의미하는 스페인어 'Barru-cca'에서 연유된 것으로 예술적 특징은 복잡하고 과장된 감각적인 성향으로, 조화와 균형을 깨고 자율적이고 율동감이 있는 독창적인 표현이다. 바로크풍의 아름다움은 이전 중세시대의 어리고 가냘픈 여인상 대신 따뜻한 혈색에 크고 검은 눈을 지닌 풍만한 여인이었다.

이 시기에는 남성과 여성 모두 과도하고 화려한 치장과 메이크업을 하였는데 특히 메이크업은 사교를 위한 필수적인 요건으로 사용되었다. 화장 경향을 살펴보면, 베이스 메이크업에서 일반적으로 흰 파우더를 사용하였고, 상류층 여성들은 흰색, 피부(Flesh Color)색, 핑크색의 백연분을 사용하였다. 또한 프랑스 루이 15세의 정부였던 퐁파두르(Pompadour)는 백납분 대신에 중국에서 수입한 쌀가루(Rice Powder)분을 사용하였다고 한다. 당시 쌀가루분을 사용하는 데 있어 온 집안에 쌀가루분이 날려서 이를 방지하기 위해 독립된 방을 만들었는데 이를 파우더 룸(Powder Room)이라 불렀고, 이 후 파우더 룸은 화장을 하는 방을 뜻하게 되었다. 색조화장의 경우 눈썹은 선명하면서 섬세하게 표현하였고, 아이섀도는 어두운 색을 사용하였다. 블러셔(Blusher)는 볼의 전면에 넓게 칠했으며, 입술은 윗입술보다 아랫입술이 더욱 도톰하게 보이도록 표현하였다. 연지의 붉은 빛은 진홍색에서 자홍색, 장미색, 주홍색에 이르기까지 다양하게 사용되었다. 바로크 시대 메이크업의 가장 큰 특징은 볼에 넓고 과장되게 표현되었던 블러셔를 들 수 있다. 블러셔의 형태는 광대뼈와 눈에 가까운 부분에 둥글게 표현하였다. 당시 블러셔는 생기 있는 관능미를 강조하는 수단으로 이용되어 광적으로 선호되었는데 심지어는 잠을 잘 때도 연지를 사용하였다고 한다. 이 외에 패치(Patch, Mouche, 美班 : 얼굴 등에 인공적인 먹으로 그려 넣은 애교점)는 16세기 파리에서 시작되어 17세기에 유행되고 18세기까지 이어졌으며 이는 남, 녀 공통의 미안(美顔)법이었다. 그 형태는 별, 반달, 다이아몬드 등이 일반적이었고 이 외의 매우 다양한 모양이 사용되었다. 패치를 붙이는 본래의 목적은 얼굴의 상처나 여드름을 감추는 것에서 시작되었고 후에 흰 피부를 강조하거나 이성의 관심을 끌기위한 목적으로 이용되었다.

7) 로코코 시대(18세기)

로코코(Rococo)는 18세기 프랑스에서 생겨난 예술형식으로 어원은 프랑스어로 로카일(Rocaille : 조개무늬 장식, 자갈)에서 왔

그림 2-38 Brigida Spinola Doria, Rubens Marchesa, 1606

그림 2-39 Portrait of Marquise de Pompadour, Francois Boucher, 1795

다. 로코코는 바로크 시대의 호방한 취향을 이어 받아 화려한 색채와 섬세한 장식, 우아하고, 여성적이며 인공적인 느낌의 곡선이 특징적이다. 이 시기의 메이크업도 역시 화려하고 인공적이며 예술적인 미를 추구하여, 남녀가 모두 과도하게 화장을 하였고, 화장 전과 후의 모습이 전혀 다르게 보여 거의 분장 수준에 가까웠다. 18세기에도 역시 흰 피부를 선호하여 백납분을 두껍게 발라 얼굴을 하얗게 하고 눈썹은 검게 표현하였다. 특히 눈을 돋보이도록 하기 위해 선명한 아이라인과 인조속눈썹을 이용하였고, 눈동자의 동공이 클수록 아름답다고 생각해서 동공을 확대하기 위해 가지과에 속하는 식물인 벨라도나(Belladona)를 이용하였다.

그림 2-40 The Marquise de Pompadour
Francois Boucher, 1756

그림 2-41 Francois Boucher

그림 2-42 Portrait of a Lady in Blue, Thomas Gainsborough, 1779

그림 2-43 마리앙뚜아네트(Marie Antoinette)

루즈(Rouge)를 이용하여 진한 입술과 붉은 볼 화장을 하였고, 다양한 모양의 패치가 유행하였다. 메이크업에 사용된 색채는 엷은 자주색과 어두운 노란색, 엷은 장밋빛, 바랜 초록색 등이었다. 당시 남성들의 메이크업은 여성과 마찬가지로 백납분을 이용하여 얼굴을 희게 표현하였고, 볼과 입술에 루즈(Rouge)를 칠한 후 뺨에는 패치를 붙였으며, 이러한 치장이 세련된 신사로 인식되었다.

그림 2-44 Taking tea, 1876

그림 2-45 Vigee-Lebtun, Marie Antoinette

8) 근세 시대(19세기)

19세기는 근대사회의 발생과 발전의 시기이며 정치적으로 민주주의의 기틀이 다져진 시기이다. 또한 산업혁명과 민주주의를 추구하는 정치혁명으로 중산층의 수요가 증가하고 사회전반에 시민문화가 형성되었다. 19세기 초기의 메이크업은 프랑스 혁명과 자연주의 사상으로 인해 로코코 시대의 인위적이고 과도한 화장을 자제하고 자연스럽고 우아한 모습으로 변화되었다. 19세기 중반부터에는 산업혁명의 영향으로 공업과 화학기술이 발달함에 따라 화장품 제조기술이 발달되었으며, 비누의 보편화로 피부의 위생과 청결을 중요하게 인식하였다. 메이크업의 변화를 보면 눈은 길고 가늘게

그림 2-46 Madame Rècamier, David, 1800

그림 2-47 Penning a letter

보이도록 아이라인을 그렸으며 입술색은 주황이나 빨강색의 정열적인 색을 선호하였다. 볼과 입술의 색조화장이 메이크업의 포인트로서 이 시기에는 블러셔의 위치가 볼 위쪽으로 옮겨진 것이 특징이다. 1861년 빅토리아 여왕은 남편이 죽자 상심하여 화장을 하지 않았는데 이러한 여왕의 창백한 모습이 유행하여 일반여성들은 메이크업을 하지 않았다고 한다. 그러나 19세기 말 의학과 유기화학의 발달로 1886년에는 미국의 해리엇 험버드(Harriet Hubbard)가 현대적 의미의 화장품을 제조하였다. 화장품 발달과 더불어 여성들의 심미적 욕구는 다시 색조메이크업을 유행시켰고, 아이라인과 인조속눈썹이 다시 나타나기 시작하였다.

그림 2-48 Young beauty in a white dress

9) 현대(20세기 메이크업)

20세기는 세계적으로 두 차례의 세계대전을 치르면서 커다란 변혁이 일어났다. 전반적인 산업화, 도시화의 영향으로 사회가 대중화되었고, 의학, 화학, 과학 등이 발달하였다. 그리고 신문, 잡지, 영화, 방송과 같은 대중매체로 인해 유행의 변화가 가속화되었고 이러한 과정에서 가치관, 예술양식, 생활양식 또한 큰 영향을 받게 되었다.

(1) 1910년대(1900~1919)

1900년대 초기는 여러 가지 면에서 19세기의 연장이었으며 당시 유럽은 해외 식민지를 개척해 부를 축척하였다. 이 시기에 형성된 아르누보(Art nouveau)는 '새로운 예술'이란 뜻으로 기계생산에 반(反)하고 손으로 만든 수공예품에 가치를 두는 미술 수공예운동(Art and Crafts Movement)으로 패션에 있어서도 아르누보풍의 S-letter style이 유행하였다.

그림 2-49 폴 쁘와레 일러스트

19세기 말 이후 의학과 유기화학의 발달로 인해 화장품의 제조가 활발해졌으며, 기초화장품인 크림이나 로션류가 애용되었다. 1900년대 여성의 아름다운 이상형은 청결한 건강함으로 깨끗한 피부에 자연스럽게 화장을 하는 것이 유행하였고, 화려한 색조화장을 하는 여성은 특정계층 즉, 상위층 여성, 패션디자이너, 영화배우, 무용가 등으로 이들의 화려한 화장은 그 시대의 다른 여성에게 영향을 주었다. 1909년 디아길레프(Diagilev)가 인솔한 러시아 발레단의 프랑스 공연은 유럽에 동양의 신비로운 색채와 감각을 선보이는 계기가 되었고 이로 인해 오리엔탈 붐이 일어나게 되었다. 이러한 동양적인 색조의 영향으로 화장의 색조 또한 강해져서 눈 화장은 동양인처럼 길고 검게 그리고, 눈썹과 눈 사이에 황색분이나 강력한 색을 바르는 동양적인 분위기의 아이메이크업이 시도되었다.

그림 2-50 디아길레프, 러시아발레단 공연의상(불새)

당시 무용가 안나 파블로바(Anna pablova)의 밝고 강렬한 무대 화장은 파리의 일반 여성들에게 유행되면서 영국 빅토리아 여왕 시절의 파스텔 톤의 메이크업을 변화시켰다. 또한 프랑스 여배우의 메이크업이 화려하고 관능적이면서 대담하게 표현되었는데, 이러한 화장 경향은 파리의 일반 여성들에게 전해졌다.

1차 세계대전으로 인해 여성 해방은 가속화되었고, 계급 간 신분의 벽이 무너지면서 화장은 이전보다도 더욱 널리 사용되었다. 화장품 산업에서도 산업화가 본격적으로 진행되어 화장품의 대량생산이 합법화되었다. 따라서 현대적 화장품의 개념이 이 시기부터 등장하였고, 인공적인 색소가 합성되면서 아이섀도, 마스카라, 색 파우더, 립스틱 등 다양한 색조 화장품이 생산되었다.

그림 2-51 Portrait of Mrs Francis Stanton Blake, 1908

여성해방운동으로 인한 여성의 사회참여는 여성들이 자신의 외모에 대한 관심을 갖도록 하는 계기가 되었으며, 외모를 가꾸기 위해 당시 여배우들의 메이크업은 일반 여성들에 의해 모방되었다. 화장품업계의 헬레나 루빈스타인(Helena Rubinstein)이 여배우 테디 바라(Theda Bara)의 분장을 맡아 뱀프 룩(Vamp look)을 창안하여 여성을 섹시 심볼(symbol)로 상품화하였고, 폴란드 여배우 폴라 네그리(Pola Negri) 또한 당시의 글래머 스타(Glamour star)였다. 이 배우들은 눈에 코올(Kohl)과 마스카라를 발라 눈매를 신비롭고 그윽하게 표현함으로써 관능적인 아름다움을 선보였고, 이러한 메이크업은 일반 여성들에게 받아들여져 눈썹을 검게 일자형으로 그리고 눈 주위에 음영을 강하게 넣은 메이크업이 유행하였다.

그림 2-52 테디 바라(Theda Bara)

그림 2-53 폴라 네그리(Pola Negri)

(2) 1920년대

1차 세계 대전 이후 전쟁으로 억눌렸던 모든 문화, 예술이 활기를 띄었고, 데스틸(De-stijl)운동과 바우하우스(Bauhaus)운동이 성립되어 국제적 영향력을 행사하였다. 아르데코는 데 스틸운동의 신조형주의와 바우하우스 운동의 기능주의에 자극을 받아 기능성과 단순화를 추구하는 경향이 가속화 되었다. 1925년 파리에서 개최된 '현대 장식미술, 산업미술 국제박람회'에서는 아르데코(Art deco)양식이 대표적으로 표출되었는데 아르데코 양식은 모더니즘으로 대표되며 현대적이고 기능적이며, 단순한 기하학적 형태가 그 특징이다.

또한 사회, 문화 활동이 활성화되어 대중문화가 시작되었고 젊은 층은 재즈와 스포츠에 열광하였다. 당시 여성들의 의식과 행동 변화는 자유로운 말괄량이 스타일의 '플래퍼(Flapper)'로 지칭되었고 이에 따라 메이크업은 하얀 얼굴에 아이처럼 커다란 눈과 작고 귀여운 입술을 가진 천진난만한 이미지의 베이비 룩(baby look)이 유행하였다. 메이크업 형태는 눈썹을 뽑아 아주 가늘게 다듬고 눈썹용 펜슬로 라인을 섬세하게 그렸다. 아이 홀을 입체적으로 표현하였으며, 눈은 코올(Kohl)과 마스카라를 사용하여 뚜렷하게 보이도록 하였다. 입술은 강한 붉은(Vivid)색으로 실제보다 작게 그려 둥글고 볼륨감 있게 표현하거나 큐피드(Cupid)의 활 모양으로 귀엽게 그리는 것이 특징적이다. 메이크업 도구는 립스틱과 아이브로우 펜슬이 기본 화장품으로 자리를 잡았다.

1920년대는 최초로 입체적 얼굴을 위한 메이크업 개념이 소개되었으며 화장품과 향수의 미용 산업이 호황을 누리게 되었다. 이에 따라 화장품의 품질관리와 안정성 그리고 한정성을 조절할 수 있는 법이 주요 관심사가 되었다.

당시의 대표적인 여배우들로는 클라라 보우(Clara Bow), 콜렌 모레(Colleen Moore), 글로리아 스왓슨(Gloria Swanson), 루이스 브로크(Louise Brooks) 등이 있다.

그림 2-54 클라라 보우(Clara Bow)

그림 2-55 클라라 보우(Clara Bow)

그림 2-56 콜렌 모레(Colleen Moore)

그림 2-57 글로리아 스왓슨(Gloria Swanson)

(3) 1930년대

1929년 미국에서 시작된 재정 위기는 세계 대공황의 도화선이 되었다. 이로 인해 세계는 인플레이션 현상과 함께 실업이 늘어나고 산업이 침체되어 대공항이라는 최악의 불경기를 맞게 되었다. 1930년대를 지배한 예술의 흐름은 초현실주의와 모더니즘(Modernism)이었지만 1939년 제 2차 세계대전이 일어났고 대공항과 세계대전으로 인해 모든 문화는 정지 상태가 되었다.

이 시기의 메이크업은 어려운 현실에 대한 이상향으로의 도피 심리가 반영되어 성숙하고 세련되며, 강하면서도 신비로운 분위기의 메이크업이 유행하였다. 베이스 메이크업은 커버력이 높은 화운데이션을 사용하였고, 눈의 윤곽선을 선명하고 기교적으로 표현하였다. 눈썹은 가늘게 다듬고 눈썹펜슬로 과장된 아치형의 눈썹을 표현하였는데 이는 이전까지의 자연스러운 얼굴에서 볼 수 없었던 가장 두드러진 변

그림 2-58 그레타 가르보(Greta Garbo)

화였다. 아이섀도는 갈색, 마스카라는 검정과 푸른색을 이용하여 눈매를 더욱 깊이 있게 표현하였고, 입술은 밝고 반짝이는 선명한 핑크와 붉은 색으로 진하게 강조하였다. 전체적으로 화장이 보다 세련되어 지고 색상은 보다 다양해졌으며, 대담한 여성들은 인조 속눈썹까지 사용하였다. 이 시기의 할리우드(Hollywood) 여배우들은 아름다움의 기준으로 주목을 받았으며 일반 여성들의 화장 경향에 큰 영향을 미쳤다. 대표적인 여배우는 그레타 가르보(Greta Garbo), 마들렌느 디트리히(Marlene Deitrich)를 들 수 있다. 영화현장에서 유명배우들의 분장을 담당했던 맥스 팩터(Max factor)는 흑백영화에 적합한 메이크업 테크닉과, 립글로스(Lip gloss)를 개발하였고, 1936년 런던에 미용실을 열어 당시 할리우드 스타들의 화장 스타일을 일반 여성들에게 보급하였다.

그림 2-59 그레타 가르보(Greta Garbo)

그림 2-60 마들렌느 디트리히(Marlene Deitrich)

(4) 1940년대

제2차 세계대전은 제 1차 세계대전보다 더 오랫동안 시민들의 생활에 영향을 미쳤다. 2차 세계대전 중에는 물자 부족이 심화되었고, 화장 산업 또한 침체되었다. 유럽은 경제 재건을 위한 힘이 필요했고, 미국은 경제적, 문화적으로 강대국으로 도약할 수 있는 계기가 되었다. 1940년도 후반부터 여성의 사회진출 증가로 인해 화장이 활발해지면서 이전 보다 다양해진 화장품이 생산, 판매되었다. 또한 이 시기에는 립스틱과 매니큐어가 대중화되었다.

1947년 파리 컬렉션에서 크리스챤 디올(Christian Dior)의 뉴룩(New Look)이 소개되어 유행하였고, 엘자스키아벨리(Elsa Schiaparelli)는 쇼킹핑크(Shocking Pink)라는 분홍색을 유행시켰다. 독특한 쇼킹핑크는 당시의 유행색으로 모든 색조화장품 및 매니큐어 제품에 사용되었다. 1940년대에는 전쟁 중 군인들의 영향을 받아서 성적 매력이 있는 여성들의 이미지가 이상적인 여성 스타일이었으며, 육체적이고 관능적인 모습의 핀업 걸(pinup girl)이 등장하였다.

그림 2-61 리타 헤이워트(Rita Hayworts)

1940년대의 대표적인 여배우는 리타 헤이워드(Rita Hayworth), 베티 그레이블(Betty Grable), 클로드 콜베르(Claudette Colbert) 등이 있었는데, 당시 이러한 여배우들의 메이크업 형태가 유행하였다. 특히 선명한 눈 화장과 풍만하고 진하게 강조된 입술이 특징적이다. 피부색은 창백해하게 표현하고 아이섀도의 색상은 브라운(Brown), 블루(Blue), 그린(Green)을 주로 사용하였으며, 아이라인은 블랙(Black) 혹은 갈색(Brown)으로 얇은 라인을 꼬리 없이 그렸다. 눈썹의 크기는 작아지고 형태는 화살처럼 아치형으로 표현하였다. 속눈썹은 마스카라(Mascara)를 칠하거나 인조속눈썹을 덧붙였다. 입술의 모양은 아웃커브 형태로 자신의 입술보다 약간 크게 하여, 붉은 계열의 립스틱(Lipstick)으로 입술 안을 메우는 것과 같이 칠하였다.

1936년에 맥스 팩터(Max Factor)에 의해 영화분장용 팬케이크(Pan Cake)타입의 메이크업 제품이 개발되었는데 이는 완벽하게 피부를 커버해주는 효과가 있었으며, 마무리는 파우더를 이용하였다.

그림 2-62 베티 그레이블(Betty Grable)

(5) 1950년대

전쟁 후 세계는 미국과 소련을 중심으로 한 이념대립으로 냉전체제가 시작되었고, 미국은 경제, 문화적으로 세계 선두의 자리에 위치하였다.

2차 세계대전의 종전과 함께 시작된 베이비붐(Baby boom)으로 인구가 폭발적으로 증가하였고, 경기활성화로 물질적으로 풍요로운 삶을 누렸다. 이 시기는 진정한 대중사회의 출발점이라 할 수 있는데 TV의 보급은 소비 시장에 막대한 영향을 주었다. 이전까지 유럽이 모든 유행과 문화를 주도했었던 것에 비해 2차 세계대전의 영향으로 50년대에서 60년대는 미국이 문화의 중심지를 이루었다. 특히 미국의 팝(Pop)문화와 영화예술은 세계적인 영향력을 행사하였고, 록큰롤과 트위스트, 할리우드 영화와 같은 대중문화가 형성되었다. 세계적인 유행을 주도하고 젊은이들의 우상이었던 대표적인 스타는

그림 2-63 오드리 햅번(Audrey Hepuburn)

엘비스 프레슬리(Elvis Presley), 제임스 딘(James Byron Dean), 오드리 헵번(Audrey Hepburn), 마릴린 먼로(Marilyn Monroe) 등을 들 수 있다. 50년대의 패션은 두 개의 커다란 조류가 있었는데 그 하나는 파리의 오트 쿠튀르(Haute couture)를 중심으로 한 하이패션과 미국의 틴에이져(Teenager) 패션인 로큰롤 패션이다. 특히 하이패션(High Fashion)에서는 크리스찬 디올(Christian Dior)의 라인알파벳 시대라고 불릴 만큼 H라인, Y라인 튤립라인(Tulip line) 등 50년대 지속적 유행을 창조했다.

그림 2-64 마릴린 먼로(Marilyn Monroe)

그림 2-65 엘리자베스 테일러(Elizabeth Taylor)

50년대는 스타들의 모습이나 메이크업이 당시 여성의 외모에 주도적인 영향을 주었는데 전반적인 메이크업 경향은 입체적이면서 인위적인 스타일로 여성스러움을 강조하였다. 파운데이션은 두껍게 발랐고, 케익 형태의 콤팩트 파우더(Compact powder)가 유행하였다. 두꺼우면서도 여성적인 곡선을 이룬 눈썹과 눈 꼬리 부분을 길게 치켜 올려 그린 아이라이너, 풍성한 속눈썹 등으로 눈을 강조하였고 밝은 피부 톤과 풍만하고 여성적인 입술이 표현되었다. 당시 영화배우들의 인형처럼 완벽하고 매혹적인 메이크업을 대표하는 배우는 엘리자베스 테일러(Elisabeth Taylor)와 에바 가드너(Eva gardner), 소피아 로렌(Sophia Lauren) 등으로 이들은 입체적이고 진한 화장을 하였다.

그림 2-66 잉그리드 버그만(Ingrid Bergman)

1949~1950년 메이크업 혁명이라 볼 수 있는 사건은 사슴 눈의 모양으로 표현된 아이메이크업이다. 대표적인 예로 '로마의 휴일'에서 오드리 헵번(Audrey Hepburn)의 메이크업을 들 수 있는데, 아이라인을 전체적으로 두껍게 하면서 눈 꼬리는 약간 올리고, 눈썹은 두껍고 둥글게 표현 하였다.

또한 마릴린 먼로(Marilyn Monroe)의 메이크업은 성적 매력을 가지면서 순종적이고 연약한 이미지를 더욱 부각시켜 눈썹은 회색이나 갈색의 굵고 직선적인 느낌을 강조하여 그렸고 아이 홀(Eye hole)에 연한 색상의 아이섀도를 사용하였으나 아이라이너를 굵고 과장되게 눈꼬리 끝 부분까지 올려 그렸다. 인조속눈썹을 붙이고 마스카라를 칠했으며 입술은 아웃커브 형태로 붉은색을 이용하여 윤기 있게 표현하였다. 이러한 관능적인 이미지는 당시 또 하나의 유행이었다.

그림 2-67 비비안 리(Vivian Mary Hartley)

그러나 잉그리드 버그만(Ingrid Bergman)과 외국에서 영입한 영화들의 영향에 의해 메이크업의 경향을 이전과 달리 자연스러운 스타일로 바꾸었다. 눈과 눈썹은 강조 되었으나 그리지 않았고 입술은 가볍게 표현하였다. 당시 미의 기준으로 볼 때 결점이라고 할 수 있는 주근깨도 가끔 보여 졌다. 이러한 내추럴 메이크업의 시도는 1958년 5월 '보그(Vogue)'에 기사화 되었는데, '자연스런 화장법은 메이크업이 없는 것을 뜻하는 것이 아니라, 그와 반대로 만들어 내는 것이며, 화장은 더하는 것이 아니며 색을 조화시켜 그 생김새를 만드는 뛰어난 솜씨를 뜻하는 것이라 했다'고 한다.

그림 2-68 그레이스 켈리(Grace Patricia Kelly)

또한 파리에서는 중국풍의 화장법이 시작되었고 그 영향은 번져나갔다. 눈썹을 뽑아 형태를 윗쪽에서 바깥쪽을 향하게 새로이 그렸으며, 파운데이션은 거의 혈색 없이 창백한 피부 표현을 위한 색상을 사용하고, 눈꺼풀은 흰색으로 칠했다. 아이라인은 눈썹의 라인을 따라서 바깥쪽을 향해 그렸다. 파우더는 순백색으로 윗입술은 작고 매우 날카롭게 묘사되고 아랫입술은 매우 꽉 차게 그려 육감적으로 표현하였다. 그러나 사람들은 이 모습을 전체적으로 따르지 않고 그들의 마음에 드는 요소를 메이크업에 적용했다.

50년대 후반 프랑스의 여배우 브리지트 바르도(Brigitte Bardot)는 젊은 여성들의 모습에 가장 강하게 영향을 준 사람으로 그녀의 반항적인 스타일과 관능적인 모습은 새로운 스타일로 나타났다.

그림 2-69 브리지트 바르도(Brigitte Bardot)

(6) 1960년대

1960년대는 혁명의 60년대(The revolution sixities)라 볼 수 있다. 급변하는 환경의 변화와 함께 혁신적인 젊음의 물결이 20세기 전반에서 후반으로 전환되었다. 2차 세계 대전 후에 '베이비 붐'을 이루며 태어난 세대가 1960년대에는 청년으로 성장하여 전체 인구에서 상당 비율을 차지하였고, 록(Rock)이나 히피(Hippie)의 독특한 청년문화를 형성하였다. 1960년대 예술사조는 강렬한 색채와 단순한 형태가 주로 등장하였는데 팝 아트(Pop Art), 옵 아트(Op-Art), 미니멀리즘(Minimalism), 모던 아트(Mordern Art)의 추상화와 사이키델릭(Psychedelic)이 주류를 이루었다.

60년대 패션의 큰 흐름은 마리 콴트(Marie Quant)의 미니스커트와 이브 생 로랑(Yves St.Laurent)의 몬드리안 룩, 파코 라반(Paco Rabanne)의 미래적인 디자인, 시드루(See through), 유니섹스(Unisex) 스타일이 나타났다.

60년대의 메이크업의 표현 형태는 다양성과 개성이 중시되어 이전의 무조적적인 모방에서 벗어나기 시작하였다. 60년대 메이크업은 인조속눈썹을 이용하여 극단적으로 강조된 아이메이크업이 중심을 이루면서 자유롭고 기괴하며 사이키델릭한 표현이 나타났다. 60년대를 전후로 고형의 립스틱이 상품화되었는데 주로 짙은 계열의 붉은색 이었으며, 62년에는 파운데이션(Foundation), 아이섀도(Eye shadow), 매니큐어(Manicure), 마스카라(Mascara) 등의 현대적인 화장품이 본격적으로 제조되어 미용 산업의 성장기를 이루었다. 60년대 초반 메이크업 스타일의 선두주자는 50년대 후반을 이은 프랑스 여배우 브리지트 바르도(Brigitte Bardot)였다. 그녀의 메이크업 특징은 진한 눈 화장에 인조속눈썹을 붙이고, 마스카라를 이용하여 눈을 과장되게 강조하였고, 입술은 윤곽만을 뚜렷하게 하여 투명색이나 엷은 색으로 육감적인 입술을 표현하였다.

60년대 중반에는 조화롭지 못하거나 부자연스럽지만 특이한 매력을 지닌 여성들이 주목 받았는데 대표적인 여배우로는 소피아 로렌(Sophia Lauren)을 들 수 있다. 이전의 균형적이고 심미안적인 미의 표현보다는 젊음의 새로운 감성과 의식이 중시되면서 화장 경향은 극단적으로 강조된 아이메이크업이 중요시 되었고, 상업주의적 패션 산업의 영향으로 더욱 대담하고 기하학적이며 인위적인 형태의 메이크업이 나타났다 이 시기의 모델 트위기(Twiggy)는 어두운 색으로 강하게 강조된 눈, 창백한 입술로 특이한 분위기를 연출하였다.

그림 2-70 트위기(Twiggy)

그림 2-71 소피아 로렌(Sophia Lauren)

60년대 후반에는 상업주의에 대한 반발로 새로운 이상을 추구하는 히피(Hippies)가 나타났다. 이들은 자연스러우면서 이국적인 취향으로 전반적으로 부드러운 느낌의 메이크업을 연출하였고, 화장의 색조도 복숭아색, 갈색, 회색 등 자연스러운 색상과 함께 민속적인 패턴의 꽃무늬와 색채를 응용하는 메이크업도 선보였다.

(7) 1970년대

1970년대는 불경기와 오일쇼크, 달러쇼크, 인플레이션 현상 등 전 세계적으로 불황을 겪는 어려운 시기였다. 70년대 주요 사조(思潮)는 자연으로의 회귀와 여성 운동의 확대, 스포츠의 활성화이다. 또한 사회전반에 대한 부정적인 시각은 펑크(Punk)라는 파격적인 양식으로 나타났는데 펑크란 속어로 '시시한 사람', '재미없는 것', '불량소년, 소녀, 풋내기' 등의 의미이다. 영국, 런던의 젊은 층에서 폭발적인 인기를 끌었던 펑크는 반항적이고 공격적이며, 과격하고 저속함이 특징이며, 패션과 메이크업에도 큰 영향을 주었다.

70년대 메이크업은 복고풍의 우아한 여성미가 선호되면서 전체적으로 풍부한 색조가 나타나는 환타지(Fantasy) 메이크업 경향이 나타났다. 특히 70년대 초기에는 크리스챤 디올(Christian Dior)에 의해 눈 주위에 빨강, 파랑색 등 여러 가지 다양한 색상을 사용하여 반점을 그리는 컬러 퀘이크(Color quake) 화장법이 선보였다.

그림 2-72 파라포셋(Farrah Fawcett)

70년대 중반 이후 동양적인 스타일의 유행으로 카키, 베이지, 갈색, 주황색, 파랑색, 자주색, 분홍색이 주로 이용된 자연스러우면서 세련된 형태의 메이크업이 유행하였고, 77년 이후 눈썹의 형태도 자연스러워졌으며, 아이섀도나 아이라이너, 마스카라, 아이브로우를 이용해 명암을 주는 화장기법이 사용되었다. 또한 짙은 화장보다는 피부를 건강하게 가꾸고자 하는 인식의 전환으로 라이트 파운데이션을 이용하였다. 따라서 피부표현은 자연스러우면서 가볍게 하였고, 눈 화장은 콜 아이라이너로 강조하였다. 눈을 강조하기 위한 색은 주로 블랙(Black), 그레이(Gray), 스모키(Smoky) 등을 사용하였다. 대표적인 스타는 파라포셋(Farrah Fawcett)을 들 수 있는데 자연스러운 눈썹과 아이홀을 강조하는 화장이 특징적이며 전체적으로 자연스러운 건강미가 나타났다.

70년대 후반 머리를 높이 세워 갖가지 자극적인 색상으로 염색을 하거나, 양 옆을 밀어버리는 등 여러 가지 괴상한 스타일과 함께 나타난 펑크(Punk) 메이크업은 잘 정돈되고 인위적인 메이크업을 부정하고, 눈에는 검정 아이섀도와 흰색을 대비시키고, 입술은 검정, 밤색 펜슬로 윤곽선을 살린 후 검정, 밤색, 짙은 와인색을 칠하였다. 볼터치는 검정, 노랑, 흰색 등의 강렬한 색조를 사용하였다.

그림 2-73 **펑크(Punk) 메이크업**

(8) 1980년대

80년대는 전 세계적으로 고성장을 이룩한 시대로 가치관이나 생활 태도, 환경에 커다란 변화가 나타났고 생활 전반에서 자유로움과 여유를 추구하게 되었다. 컬러 혁명이라 일컬어질 만큼 컬러의 다양화가 가속화되었고, 생활 양상이 다양화되면서 인간의 감성을 존중하는 뉴웨이브(New wave) 예술이 시작되었다. 새로운 정보시스템 구축으로 지구촌 문화교류가 급속히 확대됨으로서 다른 민족에 대한 동경과 이해의 폭이 넓어졌다. 따라서 예술 분야에서는 다양한 지역 양식과 개인양식의 공존, 기존 미술의 차용과 변형, 대중매체의 형상과 방법의 수용 등 다원화 양상이 나타나면서 그 대안으로서의 포스트모더니즘(Postmodernism)이 떠올랐다. 80년대 메이크업은 매트(Mat)한 느낌의 컬러가 강세를 보이고 유행의 흐름이 매우 빨라졌다. 초기에는 섹시하면서도 육감적인 에로틱 메이크업이 유행하여 눈썹은 두껍고 강하게, 입술은 선명하고 진한 색상을 사용하였다. 전체적으로 펄(pearl) 느낌의 비비드컬러를 많이 사용하였고, 80년대 초 메이크업 경향을 대표하는 팝스타는 마돈나(Madonna)였다.

그림 2-74 마돈나(Madonna)

80년대 중반부터는 이전과는 달리 내추럴한 스타일이 유행되어 화장품의 색조도 차분해졌으며 메이크업에 있어 질감이 중요시 되었다. 당시의 스타일을 대표하는 여배우로는 브룩쉴즈(Brooke Shields)와 소피마르소(Sophie Daniele Sylvie Maupu)를 들 수 있다.

그림 2-75 브룩쉴즈(Brooke Shields)

그림 2-76 소피마르소(Sophie Daniele Sylvie Maupu)

(9) 1990년대

1990년대는 다양함과 개성이 중요시 되는 다원화 문화를 중심으로 아방가르드(Avant-garde), 퓨처리즘(Futurisme), 슬림 룩(Slim look), 미니멀리즘(Minimalism), 힙합스타일(Hip Hop style), 사이버스타일(Cyber style), 오리엔탈리즘(Orientalism) 등이 혼재되어 나타났다.

90년대 초 메이크업 경향은 환경문제에 대한 관심이 증대되면서 80년대를 이은 에콜로지풍이 지속되었다. 내츄럴 트랜드에 따른 메이크업 스타일은 색조가 엷어지고 가벼워졌으며, 피부도 투명하게하고 눈썹과 입술의 표현이 부드러워졌다. 90년대 중반에는 다시 두껍고 화려한 화장이 유행하기도 하였으나 이러한 스타일은 전반적인 유행이기보다 개성적이며 선택적으로 나타났다. 90년대 후반부터는 질감에 의한 메이크업이 유행하여 펄과 글로스(Gloss) 등

그림 2-77 90's Beauty Make-up-Super model

이 다양하게 사용되었다. 건강한 피부에 펄 아이섀도, 반짝이는 입술의 매칭은 전반적으로 샤이니하고 쉬머한 스타일로 표현되었다. 90년대는 의학의 발달로 여러 측면에서 젊음을 유지하려는 욕구를 충족시키기 위해 노화방지 및 자연을 목적으로 하는 화장품의 개발이 활발해졌고, 색조화장품 또한 기능적인 목적이 강화되었다.

그러나 1990년대는 어떤 특정 스타일의 메이크업이 강조되기 보다는 다양한 스타일이 공조하여 나타났고, 유행의 흐름도 매우 빠르게 변하였다. 90년대 말에는 세기를 마감하는 세기말적 요소와 새로운 세기를 맞이하는 희망적인 요소가 겹쳐 다양한 문화가 공존하였다.

그림 2-78 90's Make-up

그림 2-79 Mc Grath 90's Make-up

PART Ⅲ

메이크업 샵 위생관리

PART Ⅲ

메이크업 샵 위생관리

메이크업의 첫 단계는 고객의 얼굴은 청결하게 정돈되어야 하고 환경과 화장품 및 기타 도구들이 잘 소독되었는지 확인하는 것이다. 화장품은 사용할 때 스파츌라나 소독된 도구로 덜어서 사용하며 고객의 얼굴에 손을 대기 전에 손을 씻고 소독한다. 먼저 메이크업 샵의 환경 위생과 소독에 대해 살펴보도록 한다.

1. 위생 및 소독

미용업종에서 일하는 종사자들과 미용서비스를 받는 고객들은 박테리아나 바이러스에 감염되지 않도록 보호받기 위해 소독과 살균이 매우 중요하다. 메이크업 시 도구들과 기구들은 반드시 위생적이어야 하고 살균과 소독 처리를 해야 한다.

살균과 소독은 다음과 같은 점에서 다르다. 살균은 세균 포자, 바이러스 진균류 등의 미생물을 수증기 또는 뜨거운 열, 화학살균약품(소듐 하이포클로라이트, 글루타알데히이드, 페놀산 등) 그리고 가스(에틸렌 옥사이드)로 파괴시키는 것이다. 소독은 세균성 포자를 제외한 병원성 미생물들을 제거하는 과정이다.

1) 소독의 방법

(1) 물리적 소독법

300~320℃ 정도의 열을 이용한 방법이다. 건열소독 방법에는 소각소독법, 건열멸균법, 화염멸균법 등이 있다. 습열소독에는 저온살균법, 자비소독법, 고압증기멸균법 등이 있다. 자외선 소독법은 기구와 장비를 먼저 비누와 물로 깨끗하게 씻은 후 자외선 소독기에 넣어 20분 이상 소독하는 방법이다.

(2) 화학적 소독법

화학약품을 이용한 소독을 말한다. 피부가 자극될 수도 있고 공기 중으로 흡수되어 기도가 손상될 수도 있으므로 취급시 주의를 요한다.

화학적 소독제의 종류에는 요오드, 알코올, 석탄산수, 승홍수, 크레졸 용액, 포름알데히드, 중금속 소독제, 염소 살균제 등이 있다. 방부제로는 옥도정기, 붕산, 과산화수소, 클로라젠, 포르말린, 위치헤이젤, 알코올(60%), 머큐로크롬 등이 있다.

메이크업 시 살균과 소독이 필요한 도구들은 브러시, 트위저, 스파츌러, 가위, 스펀지, 분첩 등이며, 메이크업 제품들도 사용 시 마다 잘 닦아서 깨끗하게 관리해야 고객에게 신뢰를 줄 수 있다.

2) 소독기의 종류

메이크업 시술 후 도구들과 용기들을 정리 후 비누와 물로 깨끗이 씻은 후, 병원균에 감염이 되지 않도록 항상 소독해야 한다. 기구가 변형되거나 손상되지 않도록 소독기 사용법과 특징들을 알아둘 필요가 있다.

(1) 알코올 소독기

알코올이 들어있는 용기에 기구를 담가두어 소독한다.

(2) 자외선 소독기

미용분야에서 가장 많이 사용하고 있는 소독기로서 청결하게 닦아낸 후 자외선 소독기에 넣어 사용한다.

(3) 건열 멸균기

멸균기 안에 기구를 넣고 190℃ 내외의 열로 대략 20-30분 정도 뜨거운 공기로 소독을 한다.

(4) 고압증기 멸균기

기기 안에 소독할 도구를 넣은 후 120℃에서 20분, 134℃에서 5분 정도 소독한다.

2. 메이크업 샵의 환기 및 청소

1) 메이크업 샵의 내부 환기

메이크업 샵의 온도는 18℃ 내외가 적당하며 환기가 잘 되어야 한다. 실내 공기는 좁고 작은 공간과 겨울철 난방기를 가동하는 동안 실내공기오염이 발생한다. 오염을 해소하기 위해서 수시로 5분~10분 정도 문과 창을 활짝 열고 환기를 실시한다. 자연 환기가 불가할 경우 인공 환기를 위해 환풍기 팬을 설치하여 공기오염을 방지한다.

2) 메이크업샵의 내부 청소 및 관리

벽과 천정 및 바닥 그리고 작업장, 서랍 등에 먼지를 제거한다. 메이크업 샵의 조명은 자연광과 유사한 조명(백열등과 형광등 복합 사용) 아래 있어야 정확한 컬러를 시술할 수 있다. 전기시설과 기기 및 도구들이 사용이 편리하도록 배치되어야 한다. 화장실은 냉수와 온수의 공급이 될 수 있는 공간이 필요하며, 깨끗하고 상쾌하게 항상 청결하게 관리하고, 액상비누, 종이타월 등이 비치되어야 한다. 개, 고양이, 새 등과 같은 동물이 샵에 들어오지 않도록 관리되어야 한다.

3. 도구 관리 체크리스트 및 사전 점검 작업

작업하기 전에 메이크업 제품과 도구가 세팅될 테이블을 70% 알코올이나 소독제로 깨끗이 닦고 물품을 준비할 때는 제품의 용기 외부를 청결하게 닦아서 관리한다.

1) 체크리스트

(1) 도구와 제품들은 사용 후 깨끗하게 소독하고 필요할 때는 살균처리한다.
(2) 1회용 도구들은 재사용하지 않는다.
(3) 전기제품을 사용 후 청결하게 유지하고 사용하지 않을 때는 덮개를 덮어둔다.
(4) 자외선 소독기를 사용하지 않을 때는 플러그를 뺀 후 내부 및 자외선 전구를 닦고 문을 열어 곰팡이가 생기지 않도록 관리한다.
(5) 더러워지는 도구들은 버리는 것이 바람직하며 바닥에 떨어진 것은 소독하여 사용한다.
(6) 트위저, 스파츌러, 가위 등은 70% 알코올에 20분 동안 담갔다가 흐르는 물에 헹군 후 건조시킨 후 자외선 소독기에 넣어 살균한다.
(7) 터번과 어깨포는 1번 사용 후 다시 세탁하여 사용한다.
(8) 쓰레기통은 뚜껑이 있는 것을 사용하는 것이 미관상 좋다.
(9) 크림과 같은 제형의 제품들은 스파튤라를 이용한다.
(10) 면봉 또는 화장솜과 같은 소모품도 청결하게 보관 후 사용한다.

(11) 메이크업 박스의 위생이 청결하도록 닦고 소독한다.
(12) 브러시를 사용한 후 전용 세척제나 중성 세제로 세척한다. 말리는 시간이 있으므로 디자이너의 스케쥴과 상황을 고려한다.
(13) 도구와 제품을 세팅하는 방법과 세팅 순서를 숙지한다.

4. 고객 응대하기

1) 대인관계에서 대화의 기술

고객은 직원들이 생각하고 말하고 행동하는 것뿐만 아니라 제스처 및 외모까지 모든 것을 보고 방문한 샵에 대해 평가한다. 고객의 반응은 원장 뿐만아니라 직원들의 외모와 행동을 보고 전문가인지 아닌지 판단하게 된다. 따라서 전문가다운 이미지를 갖추도록 외모 및 말과 행동을 조심해야 한다. 또한 고객은 메이크업샵의 제품이나 서비스를 통해서 어떤 이점을 얻을 수 있는 지 항상 관심이 있다. 메이크업 제품이나 메이크업 서비스를 통해서 얻을 수 있는 긍정적인 면을 부각시켜 강조해야 한다.

제일 중요한 것은 고객의 말을 경청하는 것이다. 고객의 심리를 파악하여 어떤 관심을 가지고 있는 지를 들어주고 분석하면서 질문해야 한다. 대화를 하다보면 고객이 주요 관심사를 자꾸 되풀이해서 말할 수 있다. 이때 고객이 말할 수 없거나 말하고 싶지 않지만 뭔가 알았으면 하는 것을 잘 파악해야 한다. 그리고 고객의 기분에 대해 단언하지 말아야 한다. 항상 고객의 기분에 신경을 써야 한다. 고객은 자신의 문제를 드러내고 이야기할 때 가장 상처를 받기 쉬운 상태이다. 관심과 공감을 표시하고 문제를 해결해서 고객의 마음을 사로잡아야 한다.

2) 전화를 잘 받는 방법

고객은 메이크업샵에 관심을 갖게 되면 방문을 하기 전에 일단 먼저 전화를 하는 경우가 많다. 전화를 당연한 것으로 여겨 대충 받으면 안 된다. 전화는 상대방의 얼굴을 볼 수 없기 때문에 오해의 소지가 많은 대화수단이다. 따라서 대화법에 많이 신경쓰고 최대한 공손하게 받아야 한다. 직원이 최악의 기분일지라도 고객의 전화는 받아야 한다. 단정하고 상냥한 전화 매너를 익혀야 한다. 기분이 나쁜 일이 있더라도 고객에게서 전화가 올 때는 미소를 지어야 한다. 미소를 지으면서 말하게 되면 목소리 톤이 달라진다. 녹음기에 자신의 목소리를 녹음해서 들어보는 방법이 좋다. 거칠고 기분이 좋지 못한 말습관이 있으면 없애기 위해 노력을 많이 해야 한다.

고객의 질문에 단편적인 대답은 금물이다. 가령 메이크업 서비스 비용을 물어본다면 가격만 이야기 해서는 안된다. 샵에 고객이 있는 것처럼 상담을 해줘야 한다. 가격에 대한 응답에는 다음과 같은 유형이 있다.

(1) 다양한 서비스가 준비되어 있으며 각 서비스는 특정한 목적에 맞춰있다고 대답한다.

(2) 고객의 요구를 파악하기 위해 질문을 하기 시작한다. 반드시 고객의 마음을 즉시 물어봐야 하고 반갑고 상냥하게 인사하며 자신의 이름을 밝혀야 한다.

(3) 전화한 고객이 관심을 보일만한 최근 특별 이벤트나 판촉행사에 대해 꼭 인지를 시킨다.

(4) 고객이 관심을 보이면 조언과 안내 코멘트를 한다. 서비스를 받으면 받게 될 이점을 강조하고 메이크업샵에서 고객들이 받게 될 관리과 서비스의 수준을 기대해도 좋다는 점을 강조해야 한다.

(5) 비용에 대해 관심을 보이면 예를 들어 의사가 환자를 보지 않으면 진료가 불가능하듯 고객과 직접 만나 상담할 필요가 있음을 설명한다. 방문해서 상담이 가능함을 인지시키고 비용을 바로 이야기 하지 말고, 방문하면 얻게 될 이점에 대해 강조한다.

(6) 고객이 방문이 불가능하지만 관심이 있어 하는 것 같으면 궁금한 점이 있을 때 언제든지 전화하라고 한다. 그리고 판촉활

동이나 특별이벤트에 관한 정보를 계속 보낼 수 있도록 고객의 이름과 주소 및 전화번호를 확실히 메모하여 둔다.

(7) 전화를 끊기 전에 고객에게 전화를 줘서 고맙다는 말을 꼭 해야 하며 시간이 맞으면 예약을 할 수 있음을 고객에게 상기시킨다.

(8) 예약을 한 고객에게는 핸드폰 메시지를 보내어 메이크업샵에 관심을 보여주어서 감사하다는 말을 전하고 예약 일시를 같이 문자로 보낸다. 예약을 하지 않은 고객일지라도 감사의 말과 질문이 있으면 언제든지 다시 전화를 달라는 말을 메시지로 보낸다.

(9) 고객 기록부에 고객의 정보를 기록해두었다가 그 고객이 다시 전화를 하거나 방문을 하면 꼭 아는 척을 해서 고객의 마음을 사로잡아야 한다.

(10) 예약한 고객이 약속 시간을 지키지 않으면 전화를 걸거나 문자 메시지를 남겨서 인지를 시키고 상냥하게 안내를 한다.

3) 고객에 대한 기록

고객과 상담하는 동안 늘 메모지나 고객 기록 카드를 가까이에 두고 필요한 정보를 기입해 놓을 필요가 있다. 고객 기록 카드에는 다음의 정보를 포함한다.

(1) 상담일시 및 상담자의 이름
(2) 고객의 이름, 성별, 연령
(3) 집 주소 및 전화번호
(4) 알레르기 반응 유무
(5) 피부타입, 피부색, 피부관리 정도
(6) 메이크업 화장품 사용 유무
(7) 메이크업을 했다면 메이크업 화장품 브랜드 및 제품 종류 등
(8) 기타 유용한 정보

5. 메이크업 샵 고객 서비스 매뉴얼 작성

1) 고객이 샵을 방문했을 때

- 예약한 고객이 샵을 방문했을 때는 대기 시간동안 차를 준비한다.
- 이때 차의 메뉴를 정해 놓고 친절하게 어떤 취향을 좋아하는지 물어본다.
- 대기 시간이 끝나면 탈의실로 안내하고 겉옷과 핸드백을 받아서 옷걸이에 걸어 락커에 보관 후 락커의 키를 고객에게 준다.
- 고객을 안내하여 메이크업 서비스를 받는 의자에 앉게 한다. 이때 고객의 의자는 머리받침대와 발판이 있는 것이 좋으며 의자의 등 각도가 45도를 넘지 않게 기울인다. 메이크업 시술 의자의 높이를 조절하여 아티스트의 자세가 불편하지 않도록 한다.
- 고객에게 헤어핀이나 밴드로 헤어라인을 정리해주고 어깨포를 두른다.
- 고객의 목이 올라온 상의를 입었을 경우 목선을 따라 티슈를 사용하여 두른다.
- 클린징을 한다(스킨이나 클린저를 사용하고 눈과 입술주위는 조심스럽게 닦아낸다).
- 기초화장품(스킨, 로션, 영양크림 등)으로 보습을 준다.
- 피부 분석을 한다(확대경이나 우드램프 사용 가능).
- 피부결점 및 질병상태에 따라 메이크업 실시 여부 판단하고 피부트러블이 심한대도 불구하고 꼭 해야 할 경우 다시 상담한다.
- 고객의 피부에 따라서 각질제거나 마스크를 실시하여 피부상태를 촉촉하게 만들어 준다.
- 눈썹정리칼, 족집게 또는 수정가위를 사용하여 고객의 얼굴 형태를 고려하여 눈썹을 정돈한다.
- 메이크업을 실시한다(메이크업 시술 시 좌우로 움직이지 말고 한쪽 방향에서 차분하게 진행한다).

-메이크업이 끝나면 헤어밴드를 풀고 헤어스타일을 만져준다.
-고객이 메이크업샵을 나가기 전에 메이크업을 지우는 방법이나 피부관리에 대한 홈케어 방법을 어드바이스해준다.
-전문인으로서 올바른 화장품 사용방법을 알려주고 신뢰를 주어, 지속적인 충성 고객을 만들도록 노력한다.
-샵을 방문해주어서 감사하다는 말과 함께 다시 방문해주길 바란다는 인사를 꼭 남겨서 상냥한 느낌을 전달한다.

2) 메이크업 적용 순서

메이크업은 창의적인 작업으로 일반적인 순서를 나열하면 다음과 같다.

(1) 고객 준비
(2) 시술자의 손 소독
(3) 클린징
(4) 프레시너 사용 및 모이스춰라이징
(5) 눈썹 정리
(6) 파운데이션 적용
(7) 컨튜어링
(8) 블러셔
(9) 파우더 처리(필요에 따라)
(10) 눈썹 화장
(11) 눈 화장
(12) 입술 화장
(13) 완성된 모습보고 필요에 따라 수정

6. 메이크업 서비스 시 위생 관리

1) 메이크업 진열대와 기구 비치 상태

- 메이크업 장소와 필요한 제품들은 보기 좋게 진열되고 청결한 느낌을 주도록 매번 소독하고 정돈되어야 한다.
- 고객의 머리 또는 얼굴이 의자에 직접 닿는 것을 가능한 피해야 한다.
- 고객의 얼굴을 만질 때 항상 손톱을 주의해야 한다.
- 눈썹을 정돈한 후에 감염 방지를 위해 눈썹 부위를 소독을 한다.
- 고객이 메이크업 샘플 제품을 사용하기 희망한다면 위생 처리된 브러시와 지울 때 닦아낼 수 있는 티슈를 깨끗한 상태로 제공해야 한다.
- 메이크업 거울은 2~3일에 한 번씩 유리세척제로 닦아준다.
- 메이크업 거울은 극장용 분장 거울처럼 전구가 삼면에 둘러싸여 있는 것이 색을 보기에 좋다.
- 메이크업 제품들과 도구들은 고객이 사용할 때마다 소독 점검하고 청결하게 보관한다.
- 소독된 도구만 사용한다.
- 메이크업 서비스 시 항상 시술자의 손을 소독하도록 한다.
- 눈썹 정리용 칼이나 가위, 트위저, 족집게 등은 반드시 소독을 철저히 한다.
- 입술을 시술할 때 용기에서 직접 바르지 말고, 스파출라로 립제품을 조금 긁어서 브러시로 그리는 것이 위생적이다.
- 일회용 제품인 스펀지, 패드, 어플리케이터 등은 재사용하지 않고 즉시 폐기한다.
- 소독할 도구들은 소독할 때까지 용기에 보관한다.
- 작업실은 항상 청결하게 사용하고 잘 정돈한다.

2) 메이크업 아티스트의 위생관리

- 메이크업 아티스트는 신뢰감과 전문성이 나타나는 복장을 착용하되 항상 청결한 차림을 유지해야 한다.
- 구강 청결을 위해 음식물을 섭취한 후 이를 닦거나 가글을 하여 고객들에게 불쾌감을 주지 않는다. 또한 흡연을 한 후 고객을 대하거나 껌을 씹지 않는다.
- 손은 항상 감염되기 쉬운 부위이므로 비누를 이용하여 수시로 손가락 사이사이까지 꼼꼼히 세척한다.
- 고객 상담 시 말을 많이 할 수 있으므로 개인 건강을 위해 물을 충분히 섭취하여 성대를 보호한다.

3) 감염 예방

- 바이러스성 질환이 유행할 때는 고객과 본인의 감염을 예방하기 위해 반드시 마스크를 착용한다.
- 손 세척 시 비누로 거품을 내어 손가락 사이사이를 문지른 후 흐르는 물로 깨끗이 씻어낸다.

4) 개인 위생건강관리

(1) 개인위생

- 목욕 ; 매일 샤워한다.
- 두발 : 청결히 하며, 작업 시 방해가 되지 않도록 긴 머리는 묶도록 한다.
- 손톱 : 주1회 이상 짧게 잘라서 고객의 얼굴에 상해를 주지 않는다.
- 장신구 : 지나친 장식은 피한다.
- 화장 : 지나친 화장과 향수를 자제한다.
- 신발 : 작업 시 피로하지 않으며. 굽이 높지 않고 미끄러지지 않는 것으로 한다.

(2) 손 씻기

우리 손에는 육안으로 보이지 않는 각종 미생물들이 생존하기 때문에 미생물이나 바이러스로부터 감염을 예방하기 위해서는 올바른 손씻기가 중요하다.

다음은 올바른 손 씻기 방법이다.

- 온수(37~43℃)를 사용한다. 살균제의 활성도가 높아진다.
- 손을 적시고 비누는 거품을 충분히 내어 팔 윗부분과 손목을 거쳐 손가락까지 깨끗이 씻고 반팔을 입은 경우에는 팔꿈치까지 씻는다.
- 고형비누보다는 액상비누가 위생적이고 더욱 효과적이다(소량, 교차오염방지).
- 손톱 솔로 손톱 밑, 손바닥, 손가락 사이 등을 꼼꼼히 문질러 눈에 보이지 않는 세균과 오물을 제거한다.
- 손은 20초 동안 서로 문지르면서 회전하는 동작으로 씻는다(비누 또는 세정제, 항균제 등과 충분한 접촉시간이 필요하다).
- 흐르는 물로 비누거품을 충분히 헹구어 낸다.

- 온풍건조기나 깨끗한 종이타월 등을 이용하여 충분히 건조시킨다.
- 손에 로션을 많이 바르지 않는다(로션은 세균에 필요한 수분을 공급하여 세균의 번식을 돕는다)
- 소독 시에는 에틸알코올을 손에 충분히 분무한 후 자연건조시킨다.
- 작업으로 돌아가기 전에 손을 오염시키는 것은 만지지 않는다.
- 화장실 문을 열 때는 깨끗한 종이타올을 이용하여 열도록 한다.
- 너무 잦은 손세척(하루 25회 이상)은 피부가 갈라지거나 염증을 일으키며 피부의 일반적인 보호기능에 장애를 줄 수 있다.

다음은 손을 꼭 소독해야 하는 경우이다.

- 작업 시작 전
- 화장실을 이용한 후
- 작업 중 미생물 등에 오염되었다고 판단되는 기구 등에 접촉한 경우
- 쓰레기나 청소 도구를 취급한 후
- 오염작업구역에서 비오염작업구역으로 이동하는 경우
- 머리, 입, 코, 귀 등 신체 일부를 만졌을 때
- 감염증상이 있는 부위를 만졌을 때
- 음식을 먹고 난 후 또는 차를 마시고 난 후
- 전화를 받고 난 후
- 코를 풀거나 기침, 재채기를 한 후

다음은 올바르지 못한 개인위생 행동이다.

- 애완동물을 반입하는 경우
- 영업장에서 취식을 하는 경우(별도의 장소 마련)
- 기침이나 재채기를 함부로 하는 경우(마스크 사용)
- 땀을 손이나 옷으로 제거하는 경우(소독된 개인 손수건을 사용)

PART Ⅳ

메이크업 디자인 개발

PART Ⅳ

메이크업 디자인 개발

1. 메이크업 상담

1) 고객 상담의 정의

상담이란 도움을 필요로 하는 고객이 전문 상담자와의 대화를 통해 자신의 문제가 무엇인지 행동 및 심리 상태를 이해하고 이를 토대로 문제를 해결하는 과정이다. 또한 상담자는 고객의 욕구에 맞고 현실적인 생활목표에 적합한 범위 내에서 고객의 발전을 촉진시키기 위해 고객 스스로의 자기 탐색을 돕는다.

따라서 보통 사람들은 상담을 일상생활 속에서 수다 떠는 것과는 구분하며, 목적이 있는 대화로 본다. 상담자는 상담할 때 단순히 정보를 제공하는 수준이 아니라 고객의 마음을 어루만져 주거나, 또는 고객의 심리적 특성을 고려한 맞춤 해결책을 찾아내는 것으로 생각한다.

고객 상담은 고객은 제품이나 서비스를 구매한 사람으로, 고객 상담은 제품이나 서비스를 판매하는 경영 측에서 마케팅이나 영업 또는 사후 서비스의 일환으로 제공하는 상담을 말한다. 고객 상담자의 주요 업무는 크게 두 가지로, 첫째는 신규 고객을 유치하기 위해 제품과 서비스를 홍보하고 정보를 제공하거나 설득하는 작업이다. 두 번째는 제품이나 서비스를 구매한 고객의 요구 사항과 불만을 응대하는 것이다. 즉, 고객 상담은 고객의 마음을 어루만져주고 해결책을 찾아주는 활동이 이루어져야한다.

2) 상담이 의미하는 활동

(1) 정보 제공

고객의 성별, 연령, 직업, 얼굴 피부 유형, 얼굴형태, 퍼스널 칼라, 이미지 스타일 등에 따라 메이크업 이미지 스타일링이 달라진다. 메이크업 이미지 연출을 전문적으로 도와주는 상담자가 필요하다. 고객 상담에서는 정보제공 활동이 상담 활동의 90% 이상을 차지하므로 상담자는 고객이 궁금해 하는 것을 고객이 이해할 수 있는 방식으로 전달해야 한다. 고객의 긴장, 의구심, 망설임 등을 어루만져야 한다. 따라서 상담은 단순한 정보제공 활동이 아니라 상담자와 고객과의 역동적인 상호 작용이다.

(2) 구매 권유

정보 제공과 관련하여 상담은 구매권유의 의미로 사용되기도 한다. 뷰티 메이크업 샵의 상담자는 고객에게 제품이나 서비스에 대한 제품을 구매하도록 권유한다. 즉 이 활동은 앞에서 언급한 정보제공과는 동전의 양면성이라 할 수 있다.

(3) 공감

일반적으로 상담은 불만, 슬픔, 두려움, 우울한 마음 등을 경청하고 공감해준다는 의미로 사용된다. 경청은 잘 듣는 것을 의미하며, 공감은 감정 조율하는 것을 의미한다. 공감적 경청이라 하면 감정에 조율하면서 잘 듣는 것이다. 인간은 감정의 동물이라서, 감정을 다루지 않은 채 문제만 해결하는 것이 어렵기 때문에 감정을 먼저 돌봐주고, 풀어주어야 한다. 한편 공감은 공감하고 있음을 상대방에게 전달해야 효과가 있다.

(4) 위로와 격려

위로란 따뜻한 말이나 행동으로 괴로움을 덜어주거나 달래주는 것을 의미한다. 또 격려는 용기나 의욕이 솟아나도록 북돋아 주는 것이다. 우리는 슬프거나 좌절한 사람을 볼 때 따뜻한 위로의 말 한 마디를 건네며 마음을 나눈다. 진실이 담긴 따뜻한 한 마디의 말은 사람들의 마음을 안심시키고, 괴로움을 덜고, 힘을 되찾아주는 효과가 있다.

(5) 설명

설명은 어떤 일이나 대상의 내용을 상대가 이해할 수 있도록 잘 밝혀 말하는 것이다. 많은 사람들은 상담에서 사건의 원리나 인관 관계에 대한 설명을 원하는데, 이는 전문적인 실무 경험이나 경력이 풍부한 상담자의 지혜를 얻길 원하는 것이다. 지적인 이해를 통해 심리적 안정을 회복하려는 인간의 본능적 시도이다. 인간은 머리로 이해할 수 있을 때 마음도 편해진다. 따라서 상담자가 사건의 원리나 인과에 대해 설명해줄 수 있다면 마음을 안정시키는데 도움이 된다.

(6) 조언

조언은 문자 그대로 '말을 거둔다'는 뜻이다. 조언은 말로 살짝 거들어 해결 방법에 대해 알려줌으로써 문제를 해결할 수 있도록 도와주는 것을 의미한다. 조언이 보다 효과적이려면 맞춤식이어야 한다. 사람은 각 개인마다 다르며, 사람의 문제 또한 일률적으로 해결되는 것이 아니라 개인에 따라 다른 맞춤 솔루션이 필요하다. 따라서 대화를 통해 개인의 욕구, 성격적 특징 등을 자세히 파악할 필요가 있으며, 파악한 바에 기초하여 고객에게 꼭 맞는 맞춤식 충고나 조언을 제공한다.

(7) 부탁

부탁은 섣부른 충고보다는 100배 낫다. 부탁은 상대방에게 비난이나 부정적 평가를 덜 전달하기 때문이다. 상담자는 강요하는 것이 아닌 부탁하는 것이며, 고객은 상담자의 부탁을 들어줄 수도 있고 거절할 수도 있다. 그러나 부탁 역시 고객의 마음을 충분히 공감하지 않은 채 상담자의 소망을 전달하는 식이라면 효과가 약하므로 고객과 충분히 공감한 후에 부탁을 해야 효과가 있다.

(8) 불만 응대

고객 상담 장면에서 불만을 응대하는 것도 상담으로 여긴다. 불만 응대는 불만에 대한 수용, 사과, 보상을 위한 타협 등이 함께 포함된 개념이다. 그런데 타인에 대한 불만을 들어주기는 쉬어도 나에 대한 불만 표출을 직접 응대하기는 쉽지 않다. 그러나 고객의 불만을 어루만질 수 있다면 오히려 신뢰를 증가시키는 기회로 만들 수 있다.

(9) 조정

조정은 분쟁이 있는 양측을 제3자가 개입하여 갈등을 어루만지고 타협에 이르도록 하는 것이다.

(10) 자기인식

자기인식이란 자신에 대해 깨닫는 것을 말한다. 평소 자신이 아는 부분에 대해 깨닫는 것보다 자신의 습관적인 부분이나 무의식적인 부분에 대해 깨닫는 것을 의미한다.

3) 고객과의 상담

메이크업 상담은 메이크업 아티스트의 심리학적 교양과 더불어 메이크업에 대한 전문적인 지식과 경험을 바탕으로 한 고객과의 면접을 통하여 요구 사항을 정확히 파악하고 분석한 후, 고객의 이미지에 어울리는 스타일을 연출해줘야 한다.

메이크업 아티스트는 메이크업 샵에 방문한 고객과의 상담을 통하여 고객의 성격과 메이크업 샵을 방문하게 된 동기, 메이크업 시술시의 요구 사항에 대하여 알아보아야 한다. 고객의 요구 사항에 응하고, 동시에 메이크업 시술의 방법과 절차 등에 관하여 차분하게 설명함으로써 고객의 이해를 돕는다. 상담실은 가능하면 독립된 공간을 갖도록 하며, 그러한 여건이 되지 않을 경우는 안락하고 적합한 실내 장식을 하여 고객이 편안한 분위기를 느낄 수 있도록 해준다. 고객과의 성공적인 상담은 메이크업 샵을 찾는 다양한 고객들에게 신뢰감과 자신감을 부여하고, 고객들이 지속적으로 방문하는데 중요한 역할을 한다.

4) 상담시 고객에 대한 자세

(1) 고객을 대할 때는 편안한 상태에서 대화를 해야 한다.
(2) 고객과 상담하는 시간을 준수해야한다.
(3) 일정을 반드시 체크해야한다.
(4) 고객을 맞을 준비를 철저히 한다.
(5) 약속은 반드시 지켜야 한다.
(6) 일정에 변화가 있을 때는 사전에 통지해야 한다.
(7) 고객을 항상 미소로 친절하게 대해야 한다.
(8) 서비스에 대하여 설명해야 한다.
(9) 고객에게 불평하거나 화를 내면 안 된다.
(10) 고객을 차별해서는 안 된다.
(11) 고객이 있는 앞에서 껌, 술, 음식을 먹는 행동을 해서는 안 된다.
(12) 고객의 사생활에 대한 비밀은 지켜야 한다.

(13) 고객의 이야기를 충분히 들어주고, 같이 호응을 하며 호감을 보여주어야 한다.

(14) 메이크업 아티스트 자신의 사적인 문제와 연관시키지 말아야 한다.

5) 메이크업 아티스트의 자세

메이크업 아티스트는 메이크업을 표현할 수 있는 테크닉을 위해서는 메이크업 트랜드, 색채, 패션 코디네이션에 대한 지식이 필요하다. 또한 고객의 심리 이해를 위한 인간심리에 대한 지식과 고객 상담 지식은 필히 실무 현장에서는 요구된다.

특히 메이크업 아티스트가 지녀야 할 소양과 매너는 기본적으로 전문가로서 갖추어야 하는 요건이며 고객을 대면할 때 메이크업아티스트의 첫인상은 매우 중요하게 작용한다.

(1) 첫인상

첫인상이란 사람을 처음 만날 경우 처음 보는 사람의 외모로 형성되는 느낌을 말하며, 사회적 상호작용의 중요한 형성요인이 된다. 보통은 30초 이내에 그 사람의 성별, 나이, 직업, 성격 등이 파악된다고 하였다.

첫인상의 이미지에 영향을 주는 요소에는 55%는 외모 첫인상(표정), 메이크업, 패션스타일, 헤어가 차지하고, 38%는 말투, 태도, 습관이고, 7%는 비언어적 요소에 의해 작용한다고 한다. 단정하고 세련된 용모와 복장은 개인과 직업의 특성을 부각시킬 수 있다.

① 밝은 표정

사람의 첫인상은 10초가 중요하고 밝고 명랑한 표정과 미소 띤 얼굴은 첫인상을 좋게 하는 방법이다. 이러한 표정은 진실한 마음속에서 우러나와야만 고객에게 전달 될 수 있다. 또한 상대방을 향한 따뜻한 미소와 눈을 응시하는 대화법을 첫인상에 호감을 얻을 수 있는 필수조건으로 원만한 인간관계를 보장해 줄 수 있다.

② 용모

단정하고 세련된 용모와 복장은 개인과 직업의 특성을 부각시킬 수 있는 방법이다. 여성의 경우에는 메이크업의 연출에 따라서 그 이미지가 많이 달라질 수 있으므로 너무 요란하거나 짙은 메이크업은 고객에게 거부감을 줄 수 있으니 친근감 있게 하려면 부드럽고 자연스럽게 연출해야한다. 헤어스타일은 너무 화려하지 않은 세련된 단정한 스타일이 바람직하다.

③ 말씨

올바른 대화법과 친절한 말씨는 그 사람과의 교양과도 관련이 있으며 그 사람의 인격과 성품을 나타내주는 중요한 수단이다. 그러므로 밝고 친절한 말씨는 자신의 이미지를 보다 좋게 어필 할 수 있는 수단이기도 하다.

목소리의 맑고 탁함, 말의 표현 속도에 따른 속도의 차이, 감정의 상태 등은 여러 가지 상황에 따라 고객에게 좋은 인상을 주기도 하고 나쁜 인상을 주기도 한다. 그러므로 고객에게 올바른 경어를 사용해야 하며, 고객에게 좋은 인상을 주기 위해서는 자신이 갖고 있는 독특하고 예의바른 화술법을 지니고 있어야한다.

④ 태도

고객을 만날 때 자신이 먼저 반갑게 인사말을 건네는 태도는 고객의 마음을 편하게 해주는 방법의 하나이므로 인사는 여러 가지 예절 중에서도 가장 기본이 되는 표현 방법이다. 또한 인사는 상대방을 인정하고 존경하며 반가움을 나타내는 형식이기도 하다. 그러므로 인사를 예의바르게 하느냐 그렇지 못하느냐에 따라 고객에게 좋은 인상을 남길 수도 있으며 좋지 않은 인상을 남길 수도 있다.

6) 고객의 T.P.O 제시 및 고객의 스타일 이미지 파악

(1) Time

낮에는 자연조명인 태양 아래의 메이크업이므로 자연스러운 메이크업을 표현하고, 밤에는 인공조명이므로 나이트 메이크업, 즉 선을 강조해 주는 보다 격식을 차린 메이크업으로 진하게 표현할 메이크업인지를 파악한다.

(2) Place

실내, 실외, 바다나 산이 있는 곳, 눈이 있는 곳 등 장소에 따라 적절한 메이크업을 표현할 수 있도록 파악한다.

(3) Object

목적(Object)을 의미하는 것으로 메이크업의 목적이 축하의 의미인지, 혹은 위로의 의미인지 등 목적을 알고 메이크업의 색과 진하기를 선정해야한다.

(4) 고객의 스타일 이미지를 파악한다.

고객의 이미지를 진단하기 위한 방법으로는 먼저 고객의 연령, 직업, 환경 등이 파악 되어야 한다. 또한 고객 체형에 따른 이미지, 피부 색이나 얼굴형의 외형 등에 따라서 스타일 이미지를 파악 할 수 있다.

7) 메이크업 시술시 유의 사항

(1) 베이스 메이크업을 철저히 한다.

메이크업베이스, 파운데이션과 파우더의 사용과 같은 베이스 메이크업은 전체 피부 표현을 의미하며 포인트 메이크업이 잘 표현되도록 도와주는 역할을 한다. 베이스 메이크업은 메이크업 완성도의 70~80%를 차지하므로 매우 중요하다고 볼 수 있다.

(2) 원 포인트

일반적인 뷰티메이크업에서는 눈이나 입술 중 한 곳에 포인트를 준 메이크업을 하는 것이 적절하다. 포인트를 많이 주면 전체 메이크업이 너무 화려하거나 산만해서 보기에 좋지 않다.

(3) 색의 조화

메이크업의 색상 선택은 피부색과 연령 또는 의상의 색상과의 조화를 이루는 것이 세련되어 보인다. 부분적으로는 아이섀도와 입술 색상, 머리색상과 눈썹색상, 피부색과 얼굴형에 맞는 블러셔의 색상을 매칭해서 조화롭게 색을 사용한다.

(4) 고객 우선

민감한 사람일수록 메이크업하는 날의 건강상태나 컨디션에 따라 피부색은 영향을 많이 받는다. 고객이 요구하는 사항을 충분히 상담한 후 고객의 기분을 최대한 배려하여 기본 에티켓과 테크닉을 유의하여 시술한다.

8) 메이크업의 기본자세

(1) 준비 자세

본격적인 메이크업 시술에 앞서 메이크업 시작하기 전의 준비자세가 더 중요하다. 메이크업을 하기 10분에서 20분 전에 흰색 타올이나 천을 테이블에 깔고 메이크업 제품과 도구를 사용하기 편리하도록 정리 정돈한다. 메이크업 시술에 들어갈 때 시술자는 바른 자세를 취해야 한다. 그 이유는 메이크업 하는 동안 시술을 편리하게 할 수 있을 뿐만 아니라 고객에게 심리적인 안정감을 주고 시술의 시간을 단축시킬 수 있기 때문이다. 또한 중요한 점은 시술 시 얼굴에 강한 압력이나 터치 또는 고객의 머리에 손을 올려놓는 것과 같은 동작에서 주의를 해야 한다. 고객에게 절대 기대서도 안 된다. 항상 부드럽고 고객의 입장에서 배려하여 메이크업을 해야 한다. 그리고 가장 중요한 점은 고객이 메이크업 아티스트의 편안하고 안정된 터치에 신뢰감을 갖게 되게 된다는 것이다. 시술자는 어깨, 팔, 팔꿈치, 손과 손가락의 적절한 압력과 메이크업 도구의 사용 방향에 대한 올바른 이해가 필요하다. 도구를 항상 신체의 연장이라고 생각해야한다.

① 고객을 편안한 의자에 앉히고 오른쪽 옆에 선다.

대부분 오른손을 쓰는 사람이 많기 때문에 이 자세를 가장 많이 권장한다. 왼손을 쓰는 사람은 고객을 왼쪽에 서는 것이 시술하기에 좋다. 고객의 머리가 시술자의 눈높이 아래에 있도록 의자에 높이를 조절한다. 너무 낮은 의자는 시술자의 허리에 부담을 주어 장시간 시술시 고통을 동반하게 한다. 메이크업 중간 중간에 그리고 끝맺음 시에 고객의 정면 뒤에서 거울로 메이크업의 균형을 확인한다. 왼손(왼손잡이는 오른손)은 고객의 머리 위를 누르지 말고 머리 뒤쪽을 가볍게 잡아주는 형태로 한다. 고객과 시술자의 거리는 너무 멀어서도 안 되고 가까워도 안 되는데 고객의 어깨와 시술자의 팔꿈치 사이의 간격이 가장 이상적이다.

② 마주 보고 한다.

의자에 마주 앉아 메이크업을 하는 자세이다. 고객보다 조금 높은 위치에서 메이크업 하면 편하다. 이때 고객의 얼굴에 너무 가지 않고 거리를 두고 보면서 시술한다.

(2) 메이크업을 위한 손동작

메이크업 손동작을 조절하기 위해서는 다음과 같은 운동이 필요하다. 팔꿈치에서 손목까지 곧게 뻗어 손을 쥔 상태로 고객의 얼굴

표면위에서 뒤에서 앞으로 또는 위에서 아래로 운동하며 얼굴에 부드러운 압력을 적용한다. 이러한 동작은 파우더 퍼프 끝을 잡고 블랜딩할 때 좋은 운동 방법이다. 아이섀도 브러쉬를 잡을 때는 펜슬을 잡듯이 쥔다. 이러한 방법은 작고 섬세한 부분을 표현할 때 손놀림을 조절하기에 용이하다.

스폰지 끝부분으로 파운데이션을 사용할 때는 깃털처럼 가벼운 손동작으로 해야 한다. 어깨에서부터 유동적인 동작을 유지하면서 손목의 힘을 뺀다. 여러 번 아래로 터치한다. 이마에서 시작해서 오래 터치하고, 너무 많은 압력을 주어서는 안 된다. 부서지기 쉬운 초콜렛 케익 위에 바닐라 장식 크림이라고 생각하면 된다.

블러셔와 파우더를 바를 때는 섀도를 바를 때와 비슷한 손으로 동작이 이루어진다. 블러셔의 바르는 부위는 자연스럽게 도드라진 광대뼈 위이다. 얼굴의 바깥부분에서 시작하는데, 팔꿈치를 움직이지 말고 손목을 돌리면서 앞으로 부드럽게 시계방향으로 글리듯이 동작한다. 파우더 브러쉬를 잡고 얼굴 전체를 부드럽게 굴리듯이 바른다.

입술을 바를 때는 립 펜슬을 이용하는데, 입의 바깥부분에서 시작해서 가운데 부분으로 이동하여 그린다. 입술을 팽팽하게 당긴 표정을 지으면 그리기 매우 쉽다. 글씨를 쓸 때 펜슬을 잡는 것처럼 브러시 또는 펜슬을 잡는 것처럼 브러시 또는 펜슬을 잡고 그리는 동안, 왼손을 턱을 받친다.

메이크업을 할 때, 위의 손동작을 유념해서 시술한다. 메이크업 시술 중 안정된 자세를 유지한다. 그리고 프로패셔널 메이크업 아티스트가 되려면 고객에게 편안한 느낌과 경험을 주도록 명심해야 한다. 메이크업 동작을 충분히 연습하고 숙지한다면 안정되고 편안한 터치라고 기대 이상으로 칭찬받게 될 것이다.

2. 얼굴 특성 파악

메이크업을 시작하기 전에 가장 먼저 파악해야 할 점은 메이크업할 고객의 얼굴 피부 유형과 얼굴 형태 분석을 하여 본격적인 메이크업에 들어가도록 한다.

1) 피부유형의 분류

표 4-1 피부유형의 분류

피부 유형	특징	분별하는 법	피부에 나타나는 트러블	어드바이스
중성 피부	유분과 수분의 밸런스가 이상적인 피부	피부표면의 입자가 미세하고 윤기있고 매끄럽다. 피부가 촉촉하고 탄력있으며 혈색이 좋다.	계절과 건강 상태, 연령에 의해 피부의 상태에 다소 변화는 있지만 이상적인 피부이다.	계절과 건강 상태, 연령에 맞춰 화장품을 나눠 사용한다.
건성 피부	피지선의 기능 저하와 보습능력 저하로 유분함량과 수분 함량이 부족한 피부	피부표면이 건조하 고 윤기가 없다. 잔주름이 쉽게 생기 며 늘어짐과 주름살 이 빨리 생긴다.	세수를 할 때 주의하지 않으면 피부가 당기고, 화장이 잘 받지 않는다. 유분의 보급 등 손질을 게을리 하면 피부결이 거칠어진다.	피부의 활성화를 위한 수분공급과 정기적인 마사지를 통해 충분한 유분을 공급한다. 유분과 수분이 많은 화장품을 사용하고, 자외선과 건조한 환경 에 장시간 피부를 노출 하지 않는다.
지성 피부	피지의 분비가 지나치게 많은 피부	피부결이 거칠고 모공이 크다. 얼굴 전체가 유분이 많아 번들거리고, 화장이 잘 받지 않고 잘 지워진다.	과다한 피지선과 땀샘의 기능 증가로 피부가 오염되기 쉽고, 여드름과 염증이 생기기 쉽다.	자주 씻어 피부를 청결히 할 것. 유분을 적게 사용 할 것. 수렴효과가 뛰어난 화장수를 사용한다.
복합성 피부	피지 분비량이 균형을 이루지 못하여 2가지 이상의 피부상태가 안면에 나타나는 피부	부분적으로 지성피 부와 건성피부의 특징이 있다.	피부 조직이 전체적 으로 일정하지 않아서 눈가에 잔주름이 생기 기 쉬우며, 예민성 피부의 상태가 나타나기도 한다.	지성부분에는 수분공급 위주의 관리를 해주어야 하고, 건성부분에는 유분과 영양이 풍부한 수분공급 크림의 화장품을 사용한다.

지루성 피부	피지의 분비가 과다한 피부	살결이 거칠고 모공 이 크다, 사춘기 연령에 많아 나타나고 얼굴전체 가 언제나 유분이 많다.	환경의 변화와 계절, 체질의 변화가 피부상 태에 민감하게 영향을 주고 적은 자극에도 염증이 일어나기 쉽다.	피부를 청결히 하며, 과다지방을 제거하기 위한 특별한 스킨케어 와 식사에 주의하고 단 음식과 알콜, 과다한 당분 섭취을 자제한다. 살균작용의 화장품을 사용한다.
민감성 피부	피지부분에 관계없이 체질적으로 피부가 약하고 외부환경이나 사 소한 자극에 민감 하여 피부염이 일 어나기 쉬운 피부	피부가 수분 부족 현상이 나타난다. 외부환경에 의해 피부가 거칠어지거 나 쉽게 붉어진다.	환경의 변화와 계절, 체질의 변화가 피부상 태에 민감하게 영향을 주고 적은 자극에도 염증이 쉽게 일어난다. 피부가 얇은 부위에 색소침착현상이 잘 나타난다.	화장품은 향이 강하지 않은 제품을 사용하고, 피부에 맞는 화장품을 사용한다. 한 번에 많은 양을 사용하지 말고 소량씩 피부에 익히도 록 한다.

✔ 피부 노화의 원인

피부가 팽팽하고 부드러운 피부에서 수분이 적은 칙칙한 주름투성이의 피부로 되어가는 것이 피부의 노화이다. 피부의 노화와 관련된 피부의 외적 형태 변화 특징은 피부의 건조, 피부 늘어짐 및 주름 등이 있으며 피부 질환 특징은 지루 각화증이나 흑점 등이 있다. 주름을 생성시키는 원인에는 자외선, 건조함 및 물리적, 화학적 자극 등 환경요인에 기인하는 피부 스트레스와 각질층의 수분량 저하, 각질층의 비대, 표피수축 및 진피의 교원섬유, 탄력섬유의 양적, 질적 변화 등이 일으키는 피부의 탄력성과 신축성의 저하가 주름생성에 관여하고 있다.

피부의 늘어짐 현상은 주로 40세를 전후하여 이마, 눈꺼풀, 뺨 등에 생기며 주름과 마찬가지로 진피의 탄력성 저하, 피부지방의 지지력 저하 및 피부를 받쳐 주는 근력의 저하 등이 원인이다. 또한 피부의 노화에 따른 변화의 특징은 색소침착이 계속 진행되어 피부색의 명도가 저하되고 색상은 적색에서 황색으로 변화한다.

✔ 연령대별 노화 특징

표 4-2 연령대별 피부 노화의 특징

연령	증세	원인
20대	아침에 눈부위가 푸석하고 안색이 창백하다. 눈꼬리 부위의 피부가 탱탱한 느낌이 적어지고 피부에 미세한 잔주름이 생긴다. 코의 옆쪽, 빰 부위 등에 모공이 커졌다.	피부 혈액순환이 활발하지 못하다. 표피노화로 표피가 얇아지고 면적이 늘어나 있으며, 눈꺼풀의 노화가 시작한다. 표피노화로 넓어진 표피가 모공 입구로 밀려든다.
30대	눈꼬리와 눈밑의 주름들이 뚜렷이 보인다. 눈의 쌍꺼풀 간격이 좁아지고 눈썹꼬리가 아래로 처지기 시작한다	표피, 진피의 노화와 동시에 표정근이 수축한다.
40대	눈가와 이마 주름이 보이고 각질이 두꺼워지며 피부톤이 전반적으로 칙칙해진다. 입술도 아래로 쳐지고, 얼굴 아래쪽이 전체적으로 처지면서 눈 사이, 코주변에 주름이 늘어난다. 피부는 점차 건조해지면서 빰이 푸석푸석해진다.	피부 전체의 탄력저하 및 피하지방의 결체 조직 노화이다. 피부가 거칠어지고 피지분비량이 적어져 피부가 심하게 건조해진다.
50대	피부의 탄력이 거의 없고, 목주름의 늘어짐, 이중턱, 눈밑 지방 쳐짐 등의 증상이 나타난다. 수분함량이 줄어들어 피부가 더 건조해지지만 지성피부의 기름기는 오히려 많아지며 호르몬의 변화로 인해 빰에 붉은기와 검버섯이 나타난다.	폐경기가 다가오면서 극심한 호르몬의 변화로 피부 콜라겐 함량이 현저하게 감소한다.
60대	눈꺼풀이 푹 꺼지는 등 전체적으로 피부노화가 급속하게 진행되며, 목과 빰 부분의 피부결이 변하면서 입과 턱 주위의 피부가 급격하게 아래로 처진다. 60대 후반이 되면 안면 하단부 노화는 진정되고 불규칙한 색소침착이 완화되나, 주름이 계속해서 깊어지고 피부가 전체적으로 늘어져 얼굴형이 변하게 된다.	피부의 각질층이 두꺼워져 영양공급이 잘 안되며, 혈액순환이 원할하지 않아 잡티나 기미 등이 증가한다.

2) 얼굴 형태 분석

얼굴은 피부가 씌어진 두개골로 되어 있으며, 모든 사람의 얼굴 구조는 각 개인마다 다르듯이 이 두개골도 개인에 따라 약간씩 다르다. 따라서 메이크업을 하기 위해서는 해부학적인 얼굴 뼈의 구조, 안면 근육, 골상에 대한 지식이 있어야만 고객 얼굴의 개성을 돋보이도록 하면서 아름답게 표현할 수 있다.

(1) 얼굴 골격

얼굴은 두부(頭部)의 전면, 즉 눈, 코, 귀 등이 있는 부분을 말한다. 해부학에서 말하는 사람의 얼굴 부분은 두개골의 구성면에서 말하는 것으로, 안면두개를 덮고 있는 피부의 부분을 일컫는다. 따라서 2개의 눈썹을 지나 귀의 앞부분에 이르는 선보다 아래쪽을 말하며 비부, 구부, 하악부, 안와부, 안와하부, 협부, 협골부, 이하선교부가 이것에 속한다. 흔히 얼굴이라고 하는 경우에는 이마를 포함하지만 이마는 학문적으로는 머리에 속한다. 이마의 두발 가장자리는 개인차가 매우 심하므로 경계로 하기에는 부적당하다. 얼굴에는 한 쌍의 눈썹과 그 아래쪽에 안구가 있고, 상하의 눈꺼풀로 덮여 있다. 아래위 눈꺼풀이 맞닿는 면을 안검열이라고 한다. 코는 특히 삼각뿔 형으로 융기한 부분을 외비라고 하고, 외비의 봉우리에 해당하는 부분이 비척(콧등)이며, 그 아래쪽을 비첨(코끝)이라고 한다. 입에는 아래위 입술과 그 사이에 구열이 있고, 구강의 입구가 되어 있다. 입술은 구륜근의 부분에 해당하는 피부의 부분이 외피부이고, 적색의 부분은 적순이라고 하며, 점막과 피부와의 이행부에 해당한다. 구강을 향하는 것이 점막부이다. 뺨과 윗입술과의 사이에는 비익 외측에서 하강하는 비순구가 있고, 아랫입술과 하악의 사이에는 이순구가 있다. 뺨의 피하의 협근과 교근과의 사이에는 협지방체가 있으며, 몹시 말랐을 때도 완전히 소실되는 일은 없다.

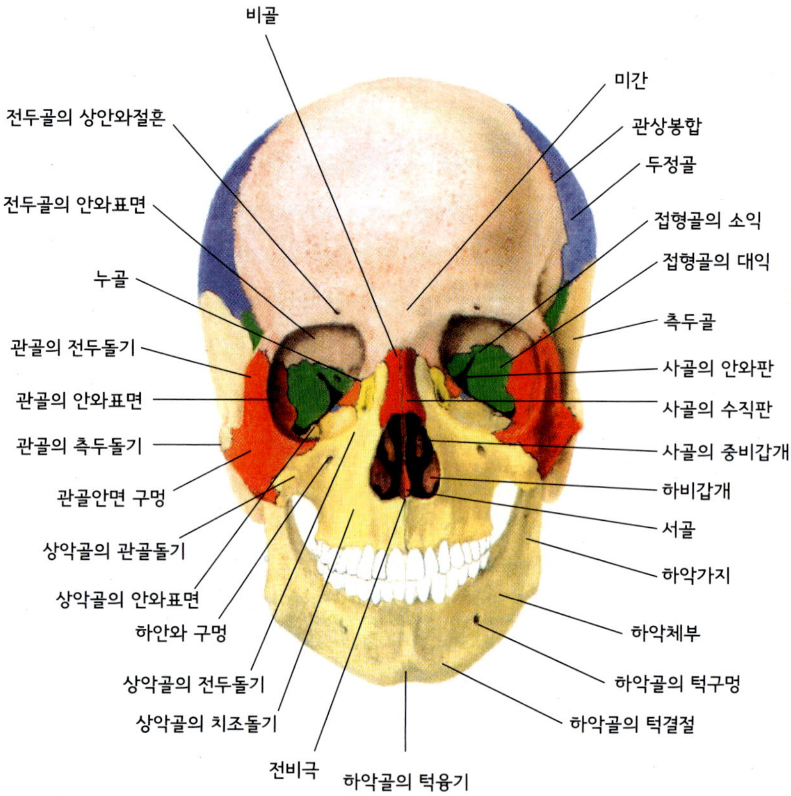

그림 4-1 **얼굴 골격**

머리의 기본적인 골격은 머리뼈(두개골, Skull) 8개와 얼굴뼈(안면골, Facial skeleton) 14개로 구성되어 있다. 메이크업에서 필수적으로 이해되어야 할 얼굴뼈는 눈확(안와, Orbit)과 코안(비강, Nasal bone)을 비롯한 머리뼈의 앞부분을 형성하고 위턱뼈(상악골, Maxilla)와 아래턱뼈(하악골, Mandible)로 구성되어 있다. 얼굴뼈는 2개의 눈물뼈(누골, Lacrimal bone), 2개의 코뼈(비골, Nasal bone), 2개의 위턱뼈(상악골, Maxilla), 2개의 광대뼈(관골, Zygomatic bone), 2개의 입천장뼈(구개골, Palatine bone), 2개의 코선반뼈(하비갑개 Inferior nasal concha) 등 14

개의 불규칙한 모양의 뼈로 이루어진다. 위턱뼈(상악골, Maxilla)와 아래턱뼈(하악골, Mandible)는 치아를 지지하고 고정시키는 역할을 하는데 위턱뼈는 위턱의 뼈대를 형성하며 머리뼈바닥에 고정되어 있고 일반적으로 얼굴뼈에서 가장 큰 부분을 차지한다. 아래턱뼈는 아래턱(하악, Lower jaw)의 뼈대를 이루며 턱관절(악관절, Tempormandibular joints; TM joints)에서 머리뼈바닥과 윤활관절을 이루어 운동이 가능하다.

(2) 얼굴 근육

얼굴의 기본적인 근육은 이마와 턱, 양쪽의 귀가 경계를 이룬다. 얼굴은 얼굴뼈에 의해 얼굴의 기본 모양이 결정되며, 얼굴의 자세한 모습은 볼지방체(협지방체)와 얼굴근육(안면근)에 의해 결정된다. 대부분의 얼굴근육은 피부 및 조직(피하조직)에 위치하고 있으며, 근막틈새에 의해 얕은 근막과 얼굴근육으로부터 분리되어 있다. 얼굴 근육은 다른 뼈대 근육과는 달리 머리뼈와 피부 또는 점막에 부착되어 있다. 얼굴근육(안면근, Facial mm.) 또는 얼굴 표정근육(Facial expression mm.)은 피부 밑 조직에 위치하여 피부를 움직이고 얼굴의 표정을 짓게 한다. 얼굴 근육은 머리덮개(두피) 앞과 뒤, 그리고 얼굴과 목에 위치하며 대부분의 얼굴근육은 근막이나 얼굴뼈에서 시작하여 피부에 닿는다. 두정부의 근육은 두개표근(Epicranius), 측두두정근(Tempoparcilii)을 들 수 있는데, 두개표근의 전두복은 이마에 주름을 만들며 후두복은 이마주름을 없앤다. 물론 얼굴의 주름이라는 것은 평상시 얼굴표정과 움직임에 따라 생긴다. 그래서 사람이 살아 온 생활을 보여준다라고 할 수 있다. 눈 주위 근육 안륜근(Orbicularisoculi), 추미근(눈썹주름근, Corrugator supercilii), 미모하체근(Depressor supercilii)등은 눈을 뜨고 감는 작용을 한다. 추미근과 구각하체근(입꼬리내림근 Drpressor anguliorís m.)는 얼굴을 찌푸리는 역할을 하는 근육이다. 그래서 눈을 감고 뜨는 행위 또는 찡그리는 표정에 따라 눈 주위에 잔주름과 굵은 주름이 자연스럽게 잡히게 된다.

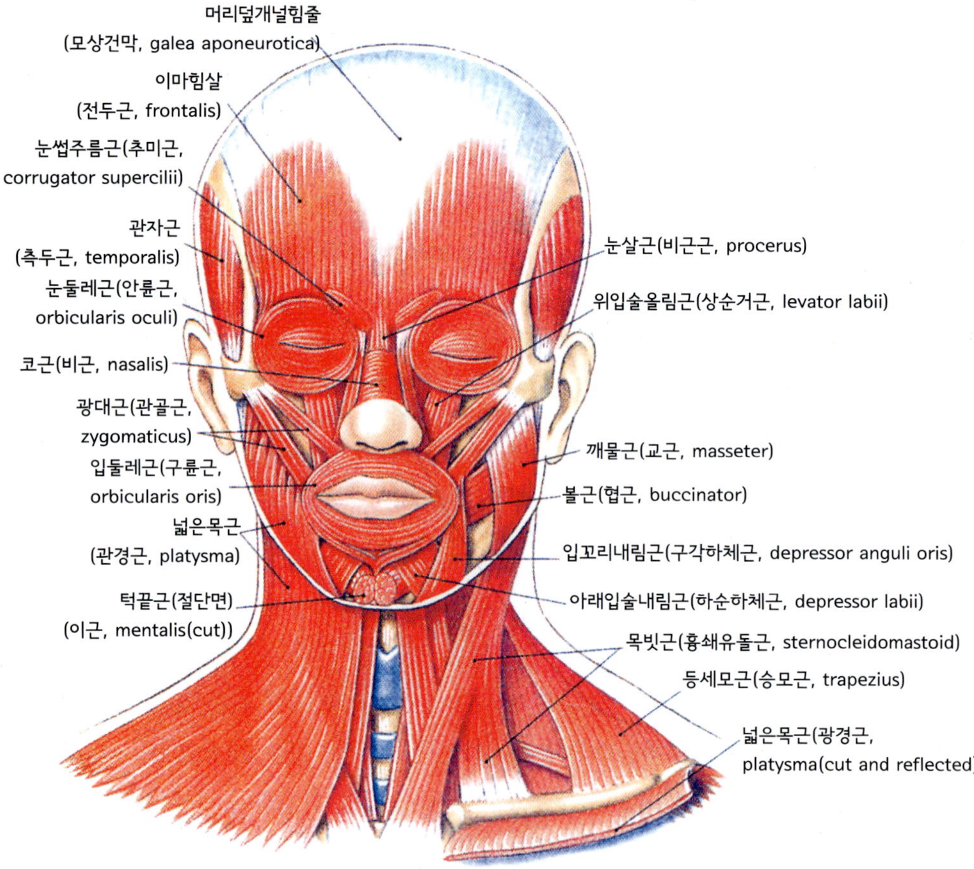

그림 4-2 **얼굴 근육**

입 주위의 근육으로는 구륜근Orbicularis), 협근(볼근, Buccinator), 이근(턱끝근, Mentalis), 구각하체근(Depressor anguli oris), 소근(Riorius), 대관골근(Zygomaticus major), 소관골근(Zygomaticus minor), 구각거근(Levator anguli oris), 상순비익거근, 상순거근 등이 있으며, 입을 움직이는 작용을 한다. 이근은 턱과 아랫입술을 올리고 움직이며, 얼굴의 표정을 짓게 한다. 구른균은 입술을 다무는 작용을 하며 협근은 외형으로는 뺨을 이루고 있고 안쪽의 근육은 구강에 있는 음식물을 씹거나 움직이는 작용을 한다. 이렇게 이근과 구륜근, 협근에 의해 움직이는 모양에 따라 자연스럽게 근육의 움직임에 따른 주름이 잡히게 된다. 코 주위의 근육인 비근은 가로부분과 방울부분(익부 Alar, Dilator naris)으로 구성된다. 가로부분은 위턱뼈 앞쪽 표면에 있는 송곳니융기(견치융기)의 윗 부분에서 일어나 코의 등쪽에서 위안쪽으로 지난다. 코근의 가로부분은 콧구멍(비공)을 조인다. 콧구멍이 움직임에 따라 주름이 생긴다. 비근은 가로부분과 방울부분으로 구성된다. 방울부분은 위턱뼈에 있는 코근의 가로부분 위쪽에서 일어나 코의 콧방울 연골(익상연골)에 부착된다. 코근의 콧구멍을 아래로 잡아당기는 역할을 하며 코근의 두 부분은 얼굴 신경의 볼가지(협지)가 분포한다. 눈살근(비근근)은 이마근에서 이어지는 작은 조각의 근육으로 콧등을 엄어 이마부위까지 이어진다. 눈살근은 눈썹의 안쪽 부분을 아래로 잡아당기고 콧등을 넘어 미간에 가로 주름을 만든다. 이 근육은 강한 빛 때문에 눈을 찌푸리거나, 기분이 나쁠 때 찌푸린 얼굴 표정을 만든다.

3) 얼굴 이목구비 유형 분류

(1) 눈썹

눈썹은 그 형태에 따라 눈썹 산의 높고 낮음, 색상의 농담, 길이의 장단에 따라 그 이미지가 매우 달라진다. 그러므로 메이크업에 있어 아이메이크업과 함께 중요하게 강조되는 부분으로 얼굴형과의 적절한 조화만으로 개성을 살릴 수도 단점을 보완할 수도 있게 하는 것이 눈썹이라 할 수 있다.

눈썹의 유형은 표준형, 직선형, 각진형, 아치형, 상승형, 처진 눈썹 등으로 구분된다. 표준형의 눈썹은 누구에게나 잘 어울리며, 직선형의 눈썹은 젊고 활동적인 느낌을 주며 긴 얼굴이나 폭이 좁은 얼굴이 잘 어울린다. 각진형 눈썹은 지적인 느낌을 주며 단정하고 세련되어 보인다. 이러한 눈썹은 둥근 얼굴이나 얼굴의 길이가 짧은 사람에게 어울린다. 아치형 눈썹은 매혹적이면서 우아하고 여성적인 느낌을 준다. 이 형태는 이마가 넓은 얼굴에 잘 어울린다. 상승형 눈썹은 동적이며 야성적인 느낌을 준다. 처진 눈썹은 귀여운 느낌을 주지만 때로는 슬픈 인상을 주기도 한다.

(2) 눈

눈의 형태는 눈의 크기, 눈의 외곽형태, 안구의 돌출, 눈꼬리의 모양, 쌍꺼풀의 유무에 따라 형태를 분류할 수 있다. 이러한 복잡한 요소들이 눈의 형태를 좌우하며 이러한 복잡한 요소들의 조합이 이루어지는 형태의 유형을 정의하기는 쉽지 않다. 즉, 눈의 유형은 쌍꺼풀이 있는 동그란 형과 쌍꺼풀이 없는 동그란 형, 쌍꺼풀이 있는 중간크기, 속꺼풀이 있는 중간 크기, 쌍꺼풀이 없는 중간크기, 쌍꺼풀이 있고 작은형, 속꺼풀이 있고 작은형, 쌍꺼풀이 없고 작은형 등으로 구분할 수 있으며 앞의 유형에 눈꼬리가 처진형, 표준형, 올라간 형태가 조합된다.

(3) 코

코는 얼굴의 가장 중앙에 위치하며, 코의 형태는 얼굴의 전체 이미지에 큰 영향을 준다. 코의 형태는 코의 크기, 콧방울 모양, 코 높이, 코의 길이에 따라 그 형태를 분류하며 표준형, 코의 길이가 짧은 형, 긴 형, 넓적하고 큰 코와 너비가 좁은 코, 매부리코 등으로 나눌 수 있다.

(4) 입

입술의 형태는 입의 크기, 입술모양, 입술 두께, 입꼬리의 위치와 입술산의 모양의 조합에 따라 그 형태를 분류할 수 있다. 입술의 유형은 둥그렇고 두툼한 입술, 둥그렇고 보통 정도의 입술, 둥그렇고 얇은 입술, 각지고 두툼한 입술, 각지고 보통 정도의 입술, 각지고 얇은 입술 등으로 구분 될 수 있으며, 입꼬리가 처진형, 표준형, 올라간 형태가 조합된다.

4) 얼굴 부위의 형태에 따른 이미지 특성

(1) 눈썹의 형태별 이미지

표 4-3 눈썹의 형태별 이미지

구분	이미지
짙은 눈썹	긴장, 힘, 야성적, 용맹, 행동적, 투박함 등의 느낌
두꺼운 눈썹	정력적 기질, 음흉하고 비밀스러움, 뚜렷한 개성
흐린 눈썹	우아함, 조직적, 우둔하고 정력적이지 못함, 여성적 느낌
일자 눈썹	엄격하고 무뚝뚝함, 실질적, 현명함
각진 눈썹	절도, 박력, 활동적, 엄격함, 날카로움, 주관적 등의 느낌
아치형 눈썹	온화함, 부드러움, 유순함, 섬세함, 고전적, 친절, 자애로움 등의 느낌
스트레이트형 눈썹	젊음, 긴장감, 단정함, 이기적, 객관적 등의 느낌
낮게 돌출된 눈썹	판단력과 관찰력이 좋으며 정확한 기질
안쪽반이 아래로 휜 눈썹	종교적
찌푸린 눈썹	명령적, 권위적, 신경질적
안쪽이 아래로 휜 눈썹	복수심의 성향을 지님
비스듬히 서는 눈썹	낙천적 기질
눈가의 주름눈썹	진실한 성격
긴 눈썹	점잖음, 고상함, 안정감, 인품, 무서움, 의혹 등의 느낌
짧은 눈썹	횡포, 잔인한 기질, 명랑, 경쾌, 동적, 날렵함, 위선의 느낌
가는 눈썹	섬세함, 연약함, 깨끗함, 날카로움, 허영, 불안, 세련미 등의 느낌
가늘고 초승달 같은 눈썹	연약하고 부드러움
올라간 눈썹	시원함, 야성미, 활동적, 거만, 날카로움, 사나움, 능동적 등의 느낌

처진 눈썹	우울한 기질, 이기심, 인색함, 염세적, 어리석음, 천박함
폭이 넓은 눈썹	투박함, 안정감, 힘, 젊음, 야성적, 산만, 건강, 소박함, 순수함 등의 느낌
눈썹과 눈썹사이가 넓은 눈썹	너그러움, 온화함, 여유, 멍청함, 어리석음, 낙천적 등의 느낌
눈썹과 눈썹 사이가 좁은 눈썹	긴장, 인색, 답답, 날카로움, 신경질적, 짜증, 옹색함, 성급함, 예리함 등의 느낌
눈썹과 눈 사이가 넓은 눈썹	강한의지, 인내심 등의 느낌
눈썹과 눈 사이가 좁은 눈썹	서구적, 비밀 등의 느낌

(2) 눈의 형태별 이미지

표 4-4 눈의 형태별 이미지

큰 눈	각과 말이 빠름, 뛰어난 관찰력, 선량한 기질, 겁이 많음
작은 눈	날카로운 직관력, 철저함, 통찰력, 소극적, 편협, 귀여움 등의 느낌
동그란 눈	발랄, 경쾌, 놀람, 당혹, 불안, 공포 등의 느낌
가느다란 눈	섬세함, 예리함, 관찰력, 잔인, 냉정 등의 느낌
튀어나온 눈	현저함, 외견상의 풍만함, 언어능력과 표현능력이 뛰어남, 예술가, 심미안에게 많음
들어간 눈	똑같은 크기의 튀어나온 눈보다 크기가 작아 보임, 관찰력, 분석력이 좋음
넓은 눈	감정을 받아들이는 능력, 감동이 지속적이지 못함, 생각이 깊지 못함
좁은 눈	분명한 통찰력, 뚜렷한 생각, 삼동의 지속성
쌍꺼풀진 눈	낭비벽, 바람둥이 기질이 있음
외겹 눈	단순, 순박, 담백, 냉정, 고집, 청순, 내향적 등의 느낌

끝이 올라간 눈	횡포스럽고 잔인한 기질
처진 눈	우둔하고 바보스러운 기질
눈과 눈 사이가 먼 눈	대범, 너그러움, 낙천적, 비적극성 등의 느낌
눈과 눈 사이가 가까운 눈	소극적, 답답, 편협, 비애, 협소 등의 느낌
짝 눈	비애, 모자람, 동정적, 불안, 미성숙 등의 느낌

(3) 코의 형태별 이미지

표 4-5 코의 형태별 이미지

큰 코	큰 힘이 있고 정력적인 느낌
짧은 코	명랑하고 낙천적인 느낌
콧등이 튀어나온 코	공격적 기질, 논쟁적 기질
들창코	통찰력과 유머감각, 낙천적
짧고 뒤로 젖혀진 코	빠른 인식, 감정적 기질
긴 코	경계적 기질, 조심스러운 기질
길고 수그러진 코	사물을 늦게 받아들이고 울적한 기질, 감정적이지 못함
길고 병모양의 코	호기심, 균형을 이룬 경우는 지적호기심, 균형을 못 이룬 경우는 저속한 호기심
좁은 코	섬세함, 세련미, 공격적이지 않음
넓은 코	정력이 좋음, 인내심이 있음
오목한 코	비공격적이고 착한 성격, 변덕과 고집 있음
매부리 코	귀족적, 풍요로움, 단호함
코끝이 쳐진 코	냉정함, 사려 깊음, 우울함, 도덕과 예의
콧구멍이 큰 코	믿음이 가는 성격
작고 섬세한 코	멋이 있고 날렵한 느낌

(4) 입의 형태별 이미지

표 4-6 입의 형태별 이미지

곧고 잘 생긴 입	도덕적인 성격
흐트러진 입	낮은 정신성
큰 입	풍요함, 따뜻한 인상
작은 입	이기심, 냉정함
얇은 입	겸손, 신중, 냉정한 성격, 정확성, 규칙성
뒤틀린 입	깡패, 행상인 등 낮은 수준의 표현
꼭 붙거나 다문 입	단호함, 진지함, 힘의 상징
곧은 입	단호함, 화고한 인상
두툼한 입	미시적, 비도덕적, 관능적 성격
뒤집어진 입	멍청한, 사악함, 자만, 유치함
입 끝이 올라간 입	따뜻하고 사교성 풍부, 두툼할 경우 유머감각 풍부
처진 입	비관적, 진지함, 약한 기질
입 끝에 둥근 주름이 있는 입	사랑스런 느낌
아랫입술 중심부위가 풍성한 입	경멸의 표시
윗입술 중심이 풍부한 입	자만심, 권위, 자존심
아랫입술 구석이 풍만한 입	질투심

(5) 턱의 형태별 이미지

표 4-7 턱의 형태별 이미지

뾰족 턱	엄격한 성격, 사교성 부족, 여성에게 많음
움푹 네모진 턱	변덕스러움, 남성에게 많음
약간 네모진 턱	자기희생적, 여성의 전형적인 턱
넓적한 사각 턱	체력이 강한 남성을 암시

전체적으로 둥근 턱	강한 집착, 성실함, 변함없으며 다형적인 격한 성격
깊이 내려온 턱	강한 의지력, 집중력
턱이 깊이 내려와 각진 턱	권력욕, 책임감
귀 쪽으로 가파른 턱	인내심, 고통을 참고 견디는 능력

5) 이상적인 얼굴 비율

이상적인 얼굴형은 문화와 시대에 따라 차이를 보이며, 변화되고 있다. 서양의 경우 미술사를 통해 보면, 고졸기(Archaic)에는 중안과 하안의 비가 100 : 105~113으로 하안이 발달된 인물 묘사가 많았고, 고전기(Classic)에는 100 : 98~103 정도의 중안과 하안이 균형적인 형이 많았으며, 헬레니즘(Hellenism)기에는 100 : 85~90으로 중안이 발달되고 하안부가 작은 형이 선호되었다고 한다. 또한 프랑스 고전주의 시대에는 그리스의 고전기 양식과 비슷한 현상이었고, 낭만주의 시대에는 헬레니즘기와 같은 인물의 묘사가 많았다고 한다.

우리나라의 전통 미인상은 얼굴의 가로 : 세로비가 1 : 1.29로서 하회각시탈의 장폭비 1 : 1.3과 일치하나 현대 미인상은 1 : 1.5의 좁은 얼굴로서 한국인의 평균과는 다른 밀로의 비너스 등 그리스 여자 조각들과 같은 비율을 보인다.

현대 여성들이 일반적으로 가장 선호하는 얼굴형은 갸름한 계란형이라 볼 수 있는데, 계란형(Oval)은 여성적인 생명의 상징으로 편안하고, 안정적이고, 여성미가 돋보일 수 있는 형태로, 계란형 얼굴의 형태적 특성은 얼굴길이를 3등분 했을 때 이마의 윗부분에서 눈썹까지의 길이와, 눈썹에서 코끝까지의 길이, 코끝에서 턱 끝까지의 길이가 같으며, 코끝에서 턱 끝까지의 길이는 입을 경계로 위아래의 길이가 같아야 한다고 하였다.

얼굴은 문화와 시대에 따라 변화하지만 현대의 이상적인 얼굴은 서구적인 얼굴의 형태로 바뀌었음은 부인할 수 없는 사실이다.

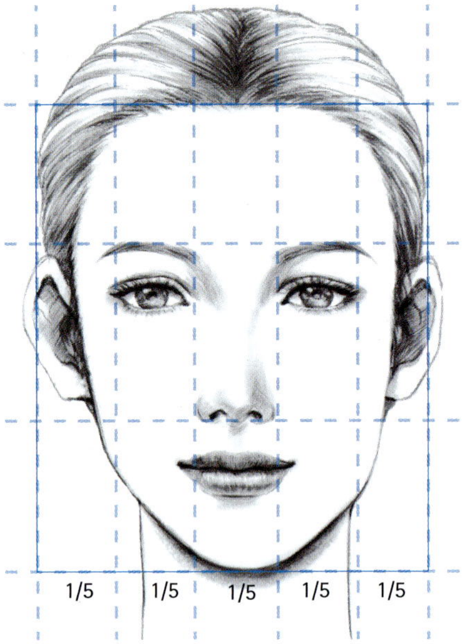

그림 4-3 이상적인 얼굴 비율

✔ 얼굴 길이의 3등분 (가로 분할)

이상적인 얼굴의 비율은 얼굴 길이를 가로로 3등분 했을 때 길이가 모두 간격이 동일해야한다.

- 1등분 : 헤어라인부터 눈썹(상안)
- 2등분 : 눈썹부터 코끝(중안)
- 3등분 : 코끝에서 턱 끝(하안)

✔ 얼굴 너비의 5등분 (세로 분할)

얼굴 너비의 비율은 세로로 5등분 했을 때 너비가 모두 간격이 동일해야 이상적이다.

- 1등분 : 귀에서 눈꼬리
- 2등분 : 눈꼬리에서 눈머리
- 3등분 : 눈머리에서 반대 눈머리
- 4등분 : 반대 눈머리에서 반대 눈꼬리리
- 5등분 : 반대 눈꼬리에서 반대 귀

이상적인 이목구비의 부위별 형태 및 비례는 먼저 미간의 너비가 눈의 너비와 같아야 하고, 눈이 크되 쌍꺼풀은 가늘고 눈매가 갸름하면서 선명한 눈을 아름다운 눈으로 여긴다. 통계적으로 볼 때 아름답다고 하는 눈의 모양새를 보면 대개 눈의 가로 길이가 3cm, 상하 폭은 약 1cm, 눈과 눈 사이의 안쪽 간격은 3cm이다.

이상적인 눈썹의 형태는 가장 두꺼운 부분(눈썹이 시작되는 지점)은 코의 바깥 부분에서부터 이마 쪽을 향해 일직선상의 점에 가까워야 하며, 눈썹의 가장자리는 코의 끝부분에서부터 눈의 끝 부분으로 이어지는 선의 한 점에서 끝나야 한다. 또한 자신의 눈썹을 똑같은 길이로 3등분 했을 때, 아치모양의 가장 높은 점이 눈썹의 출발점에서 바깥쪽으로 2/3정도 지점에 있어야 한다.

이상적인 코의 위치는 얼굴을 세로로 3등분 했을 때, 3분의 1이 되어야 아름답다고 본다. 즉 얼굴을 이마에서 미간, 미간에서 코밑, 코밑에서 턱끝까지 셋으로 나누었을 때 정확히 중간지점에 있으면 가장 이상적이다. 코의 너비는 좌우 눈의 안쪽과 코의 바깥쪽이 수직선상에서 연결되어야 하며, 입술의 3분의 2를 넘지 않고 코끝이 약간 동그스름하면서 콧날은 반듯하게 뻗어 있어야 좋다. 코의 형태적 요인으로 코의 길이, 너비, 코의 각도 중 코의 형태에 있어 중요한 요인은 코의 각도로 이 각도의 미세한 차이만으로도 얼굴의 분위기가 많이 달라진다. 똑바로 뻗은 콧날의 각도를 돌출각이라고 하는데, 입술과 코끝의 각도가 여성의 경우 95~105도, 남성의 경우 90~95도를 이루면 아름다워 보인다.

인중은 아랫입술의 밑 부분부터 턱의 끝까지 절반의 거리에 있어야 하고, 윗입술과 아랫입술의 비율은 1 : 1.5의 비율이 이상적이다. 입술은 자연스럽게 입의 양쪽 끝을 하나의 선으로 연결했을 때 눈동자의 안쪽을 지나야 한다. 콧망울에서 턱끝까지의 1/2선이 아랫입술 위치이다. 입술의 두께는 윗입술이 7~9mm, 아랫입술이 9~11mm 정도가 이상적이다.

그 외 눈썹의 위치는 이마에서 1/3이 되는 지점이 이상적이며, 눈썹머리는 콧망울에서 일직선으로 연결되는 지점이다. 눈썹꼬리는 콧망울에서 눈꼬리를 지나 45°가 되는 지점이다. 턱은 형태에 따라 이마를 수직으로 연장한 선상에 위치하며 이상적인 턱의 크기는 눈 사이의 간격(얼굴너비의 1/5)과 동일하다. 마지막으로 귀는 코의 위치와 같은 얼굴의 중부에 위치하여 동일한 높이를 유지한다.

일반적인 사람들의 귀는 눈썹높이에서 시작해서 콧방울까지 뻗어있다. 성인에게 알맞은 가장 이상적인 귀의 비율은 얼굴의 균형과 비례를 고려하여 폭과 길이가 4:7의 비율이며, 귀의 상·중·하부가 알맞게 3등분 되는 것이 좋다. 귀의 길이는 7cm 정도이고, 위치는 머리에 30도 각도로 위치하면서 귀의 가장 윗부분에서 귓볼까지 직선을 그었을 때 그 선이 콧등과 평행을 이루어야 한다. 귓불은 너무 크지 않고 얼굴에 붙어있는 부위와 아래부위가 3:1 정도의 비율을 유지하는 것이 일반적이다.

✔ 가장 이상적인 얼굴의 크기

- 얼굴의 길이 : 18.6㎝
- 얼굴의 넓이 : 12.95㎝
- 이마의 넓이 : 12.65㎝
- 미간의 넓이 : 3.3㎝
- 눈의 길이 : 3.3㎝
- 입술의 길이 : 4.6㎝
- 귀의 길이 : 7.5㎝

6) 얼굴 유형에 따른 메이크업 수정보완

① 계란형(Oval)

계란형의 얼굴은 얼굴의 관자놀이 부분이 가장 넓고 이마와 턱 부분으로 점점 가늘어 지는 형태이다. 얼굴길이와 얼굴너비의 비율이 1.5 : 1 정도의 비율을 가진다. 얼굴길이가 3등분(상안, 중안, 하안)으로 나누어진다. 첫 번째 등분은 헤어라인에서 눈썹부분까지(상안)이며, 두 번째 등분 눈썹부터 코끝부분(중안)까지이다. 마지막 등분은 코끝부분에서 턱 아래까지(하안)이다. 이 유형은 전체적인 얼굴의 균형이 완벽하여 가장 이상적인 얼굴형이다.

► 가장 기본형이며 이상적인 얼굴형이다. 쉐이딩은 자연스럽게 양 사이드에 주며 눈밑에서 콧망울을 향해 자연스러운 하이라이트를 준다.

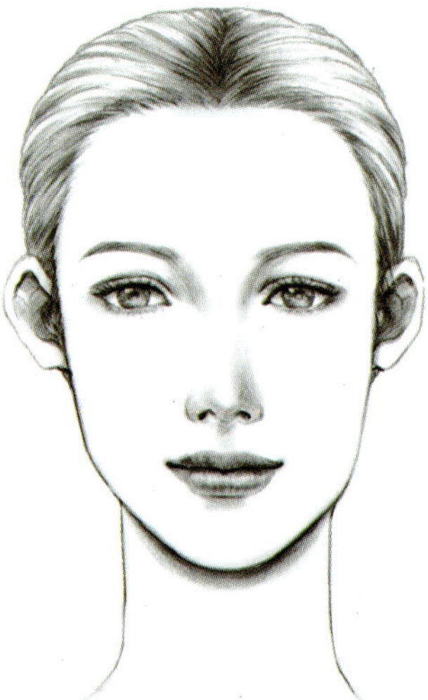

그림 4-4 계란형 얼굴의 수정보완 메이크업

② 둥근형(Round)

둥근형의 얼굴은 얼굴 너비에서 가장 넓은 부분이 광대뼈에 해당되며 일반적으로 길이가 너비보다 길지 않다. 즉, 얼굴 너비와 얼굴길이의 비율이 1:1에 가까운 형이고, 턱 선은 부드러우면서 둥근 선을 이루며 턱이 짧고 둥그런 헤어라인이 특징이다.

► **하이라이트 세로 강조 (길어 보이는 효과)**

곡선이 강조된 얼굴형이기 때문에 역으로 직선적인 메이크업을 한다. 눈썹에 각을 주고 눈썹 머리에서의 노즈 섀도우(Nose Shadow)를 주어 코를 길어 보이게 한다. 하이라이트는 이마에서 콧등, 턱 등에 넣고 눈밑의 하이라이트도 세로로 길게 한다. 볼도 세로로 길게 넣고 그 위에 얼굴의 측면에 쉐이딩을 주어 길어 보이는 효과를 준다.

▪ **피부**

피부는 희고 곱게 표현한다. 코가 길어 보이도록 하이라이트를 주며 얼굴 이외에는 섀도우를 어둡게 넣어 얼굴 전체가 갸름해 보이도록 한다.

▪ **눈**

따뜻하고 엷은 색으로 눈두덩이에 발라 주며 진한색으로 쌍겹 부위를 덧칠해준다. 아이라인을 짙은 브라운, 검정펜슬로 아래 위를 모두 확실히 그려준 뒤 마스카라를 진하게 발라준다. 눈썹은 짙은 회색이나 밤색으로 눈썹산에 커브를 그려준다.

▪ **입술**

연한 핑크색을 이용하여 귀엽고 사랑스러운 이미지를 살리도록 하는데 작게 그리는 것이 테크닉.

▪ **볼**

귀 윗부분에서 구각보다 약간 위쪽을 향하여 세로로 길게 발라준다.

▪ **포인트**

둥근 느낌을 강조하지 말고 세로의 길이를 강조하는 느낌으로 메이크업한다.

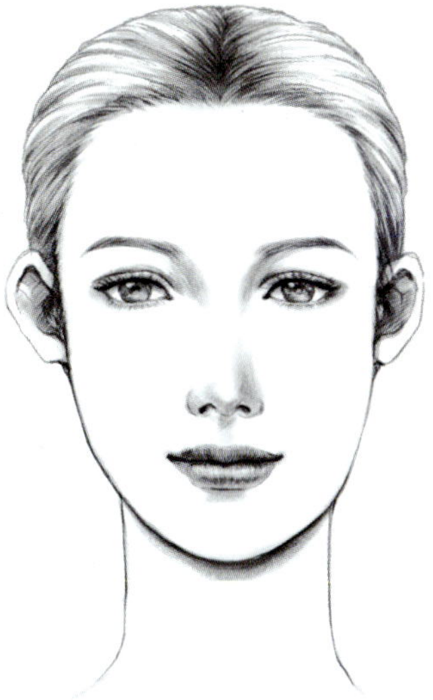

그림 4-5 **둥근형 얼굴의 수정보완 메이크업**

③ 사각형(Square)

사각형의 얼굴은 헤어라인에서부터 턱까지 직선으로 이러진다. 이 얼굴은 각진 턱을 가지며, 광대뼈가 두드러지지 않아 얼굴이 평면적인 느낌이다.

► **양 사이드에 쉐이딩**

얼굴의 사각 양 사이드에 쉐이딩을 주어 들어가 보이게 한다. 이마의 헤어라인 양각과 턱의 양각에 쉐이딩을 넣는다. 눈썹은 부드러운 각으로 크게 그리며, 그 위에 눈밑, 턱에 세로로 긴 느낌의 하이라이트를 넣어 넓지 않은 느낌을 준다.

▪ **피부**

건강한 피부색 표현에 중점을 둔다. 턱이 각진 부분만 어두운 색으로 발라주고 중앙 부분은 밝은 피부색으로 둔다. 수정부분의 어두운 색상을 바를 때는 볼화장과 겹치지 않도록 주의한다.

▪ **눈**

눈썹은 둥글게 하여 완만한 느낌이 들도록 하고 눈썹의 간격을 약간 벌어지게 그려도 좋다. 눈화장은 눈썹꼬리와 직선이 되도록 하며 눈 꼬리쪽을 강조하여 약간 치켜 올리듯 한다.

- **입술**

입술화장은 폭을 넓게 하여 볼륨을 주고 길이는 짧게 한다.

- **볼**

입술 끝에서 귀를 향해 폭넓게 바른다. 핑크톤이나 갈색톤이 좋다.

- **포인트**

약하고 자연스러운 메이크업보다 강하고 뚜렷한 메이크업을 하여 원숙한 느낌의 색상을 표현해 본다.

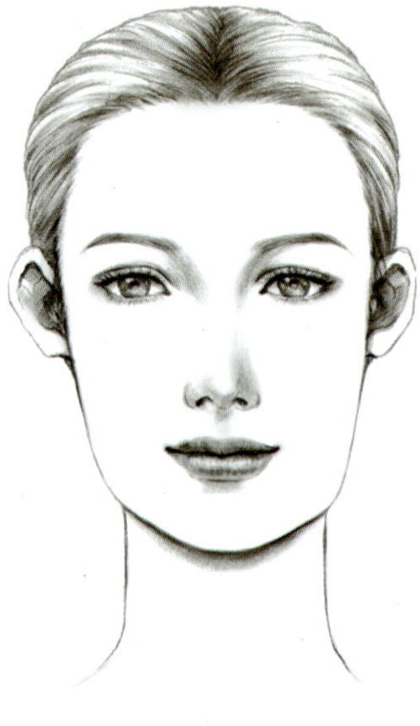

그림 4-6 사각형 얼굴의 수정보완 메이크업

④ 다이아몬드형(Diamond)

다이아몬드형의 얼굴은 좁은 이마를 가지고 있으며, 광대뼈 부분의 너비가 가장 넓다. 삼각형과 비슷한 형태로 턱과 헤어라인의 치수가 거의 동일하다.

► 마름모형의 얼굴로 돌출한 광대뼈, 턱과 이마에 쉐이딩을 주어 축소되어 보이게 한다. 역으로 얼굴의 볼과 이마 양 사이드의 들어간 부분은 하이라이트를 준다.

▪ 피부

이마는 넓게 하이라이트를 주고, 턱선은 얇게 펴발라 턱의 라인을 부드럽게 표현한다. 새도우로 튀어나온 광대뼈와 턱끝을 중심으로 가볍게 바른다.

▪ 눈

눈썹은 튀어나온 광대뼈가 다소 완화되어 보이게 눈썹의 앞머리에 포인트를 준 화살형으로 시선을 분산시킨다. 눈은 눈앞머리에 포인트를 주어 그라데이션한다.

▪ 입술

눈썹상향선의 각도로 약간 두껍고 부드러운 선으로 그린다.

▪ 볼

볼뼈를 중심으로 엷고 폭넓게 바른다. 부드러운 느낌을 살려주기 위해 따뜻한 톤의 색상을 선택한다.

▪ 포인트

볼뼈의 두드러짐이 강조되지 않도록 주의하며, 둥글고 부드러운 느낌을 살려주면 지적이며 따뜻한 이미지를 준다.

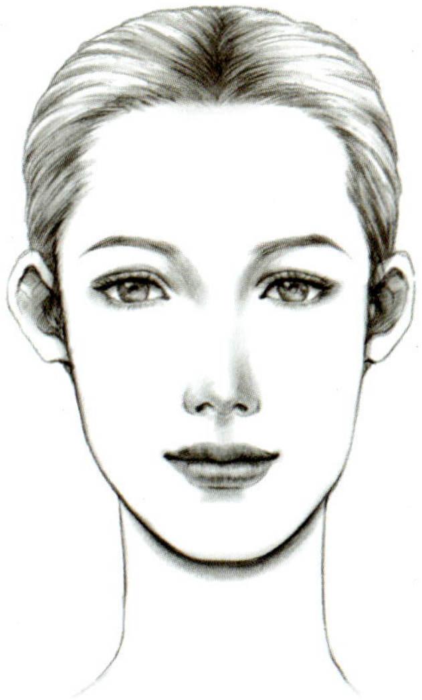

그림 4-7 다이아몬드형 얼굴의 수정보완 메이크업

⑤ 역삼각형(Inverted triangle)

역삼각형의 얼굴형은 관자놀이와 이마 부분이 넓으며 턱 부분으로 갈수록 좁아진다. 즉, 넓은 볼과 이마, 그리고 좁은 턱을 가진 얼굴형이다.

► **이마 양 사이드에 쉐이딩**

이것은 얼굴형과 역이 되는 듯한 전체를 생각한다. 얼굴의 이마를 작아 보이게 하고 밑 볼은 풍부하도록 보이게 하는 것이다. 우선 지나치게 여윈 볼은 하이라이트를 주어서 떠올라 보이게 하고 이마의 헤어라인은 쉐이딩으로 들어가 보이게 한다. 부드러운 느낌을 주도록 콧망울을 향해 가로로 길게 넣은 볼터치도 중요하다.

▪ **피부**

T존과 눈밑에 하이라이트를 주고 이마 양옆과 턱에 새도우를 준다.

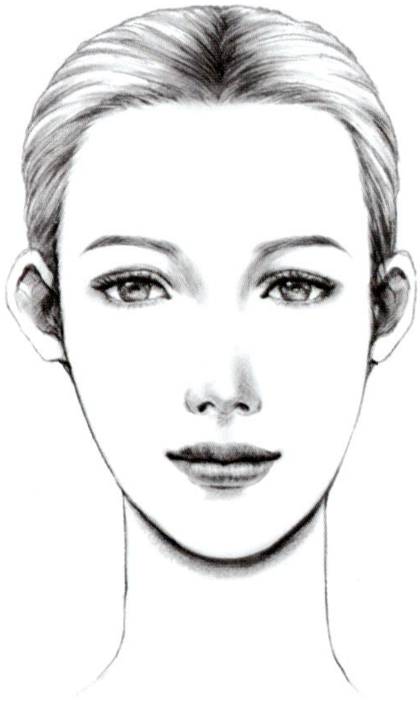

그림 4-8 **역삼각형 얼굴의 수정보완 메이크업**

▪ **눈**

베이지 칼라로 눈두덩이에 펴준 뒤 중간 베이지로 윗눈꺼풀을 직선의 느낌으로 칠해준다. 초코렛색이나 짙은 보라색으로 액센트를 준다. 눈썹은 진회색으로 눈썹길이의 1/2에 눈썹산을 그린다거나 눈썹산을 둥글게 처리하여 준다.

▪ **입술**

연갈색으로 입술선을 깔끔하게 그린 뒤 짙은 밤색 립스틱으로 채워준다. 길이와 넓이를 늘려 그려서 입술이 좁아 보이는 것을 막아준다.

▪ **볼**

광대뼈 약간 위쪽에 눈동자 바깥 부분부터 좁게 발라준다.

▪ **포인트**

얼굴형 수정으로 전체의 밸런스를 유지하도록 한다. 가로로 길게 늘여 그리지 않도록 주의한다.

⑥ 긴형(Oblong face)

얼굴 3등분의 넓이는 거의 동일하며 전체적으로는 길쭉한 얼굴형이다. 긴얼굴형은 대부분 이마나 턱이 발달해 있으며, 코가 긴편이다,

► **가로형의 하이라이트**

세로로 긴 장방형의 얼굴은 세로는 짧고 가로는 넓게 한다. 눈썹은 가로로 두껍 게 하고 아이 새도우는 가로터치로 한다. 쉐이딩은 이마의 헤어라인 전체와 턱에 걸쳐 긴 얼굴이 짧아 보이게 하며, 하이라이트는 중요한 인상으로 이마, 눈밑 볼에도 자연스럽게 가로로 한다.

▪ **피부**

T존은 밝은 파운데이션으로 표현하고 이마와 턱부분에는 새도우를 주어 얼굴의 길이를 줄여준다.

▪ **눈**

눈썹은 가능한 일자로 그려 가로의 이미지를 느낄수 있게 하며 검은 색보다는 진한 갈색으로 한다. 연한색으로 베이스를 칠한 뒤 눈이 좀 더 넓어 보이도록 짙은 톤의 아이 새도우를 뒷꼬리쪽에 바른다.

▪ **입술**

모양은 부드러운 느낌의 곡선형이 좋지만 너무 둥글거나 크게 그리지 않도록 하며 가로선의 느낌으로 그린다.

▪ **볼**

갈색톤이나 주황색톤으로 광대뼈를 중심으로 가로로 폭넓게 바른다.

▪ **포인트**

전체적으로 가로의 느낌이 들게 메이크업 해주어 자칫 나이 들어 보이는 외형에서 탈피한다.

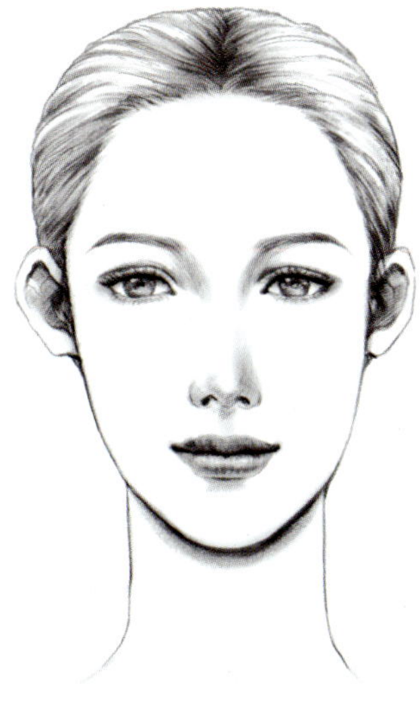

그림 4-9 긴형 얼굴의 수정보완 메이크업

3. 퍼스널 이미지 분석하기

1) 퍼스널 컬러의 개념

퍼스널 컬러란 개인의 타고난 신체 색상에 근거하여 어울리는 색을 진단하고 그에 따른 색채유형과 이미지, 스타일에 따라 패션과 뷰티에 적용되는 토털 코디네이션 개념이다.

퍼스널 컬러 진단이란 사계절의 이미지에서 보여 지는 색채를 이용하여 개인의 신체 고유 색상과 조화를 이루는 색채유형을 사계절로 분류하고 그에 따라 자신에게 어울리는 색과 어울리지 않는 색을 구분하는 것이다. 이러한 과정을 통해 긍정적인 외모의 변화를 추구할 수 있으며 자신의 능력을 극대화할 수 있다.

2) 퍼스널 컬러 시스템의 이론적 배경

① 요하네스 이텐(Johannes Itten, 1888-1967)의 색채이론

색채 교육학자인 이텐의 저서 '색채예술(1961년)'과 '요하네스 이텐 색채론(1970)'에서 퍼스널 컬러와 관련되는 근거를 찾을 수 있다.

'자연계의 사계절이야 말로 모든 색채의 근원과 조화를 이룬다.' 라는 이론은 주관적인 색을 4가지 계절의 유형으로 구분한 근거가 된다.

② 로버트 도어(Robert Dorr,1905-1980)의 'color key' 이론

퍼스널 컬러 시스템에서 색 분류의 근거가 되는 로버트 도어의 이론은 [컬러키 프로그램(color key program)]에서 배색도구 개발의 기본이 되었던 [배색조화, 부조화의 원리]이다. 컬러 키 프로그램에서 색을 푸른기가 있는 블루 언더톤(blue undertone)과 노

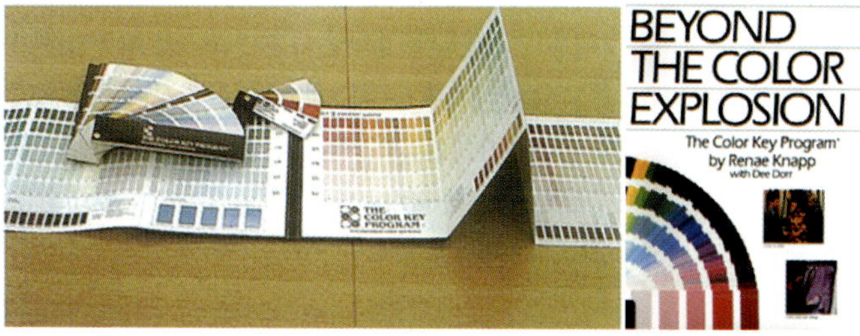

그림 4-3 **로버트 도어의 [color key program]**

랑기가 있는 옐로 언더톤(yellow undertone)으로 분류하고 동일한 언더톤의 색은 서로 조화를 이룬다고 언급하였다. 1960년대 개발되어 보급된 컬러 팔레트를 살펴보면, 블루언더 톤의 컬러 팔레트에는 주황색이 없으며, 옐로 언더톤의 컬러 팔레트에는 마젠타와 블루그린의 색상이 포함되어 있지 않다. 또한 블루언더 톤의 색은 로즈 핑크계의 피부색, 옐로 언더톤의 색은 피치핑크계의 피부색에 가깝다고 표현하고 있다.

③ 파버비렌(Faber Birren, 1900-1988)의 한난 구분 이론

색채학자인 파버비렌은 색 분류에서 주황색과 파란색을 난색과 한색의 중심으로 보고 모든 색에서 주황색 경향인 경우는 warm shade, 파란색 경향이면 cool shade로 구분하고 있다.

3) 퍼스널 컬러 색상의 분류 요인

(1) 색상(HUE) - 따뜻한 색과 차가운 색(Warm & Cool)

모든 색은 따뜻한 색이나 차가운 색으로 분류되어 어느 한쪽에 속하게 된다. 이러한 것은 색채가 물리적인 것이 아니라 감각으로서의 색채를 분류한 현상이다.

► **아래의 색상위에 손을 올려 피부색을 관찰해 봅시다.**

[옐로우 베이스의 salmon pink]

[블루 베이스의 shocking pink]

① 따뜻한 색

따뜻한 색은 기본적으로 모든 색에 노란색과 황색을 지니고 있으며 무채색과 실버는 속하지 않는다. 전체 색상 이미지는 색상이 부드럽고 온화한 이미지를 지니고 있는 것이 특징이다. 따뜻한 색의 유형은 봄과 가을 타입으로 봄은 노랑과 흰색이 기본 색으로 비교적 밝고 선명하며 온화한 것이 특징이고 가을은 노랑과 검정의 혼합으로 황색이 주조색을 이루므로 비교적 차분하고 가라앉는 색으로 풍부한 색채가 주를 이룬다. 주요색은 아이보리, 코랄, 피치, 오렌지, 카멜, 골드 등의 컬러이다.

② 차가운 색

차가운 색은 기본적으로 푸른색과 흰색, 검정색을 지니고 있으며 주황과 황색, 골드는 포함되지 않는다. 일반적으로 무채색과 파랑계열, 보라계열은 차가운 색으로 인식하지만 노랑이 혼합되면 따뜻한 색이 된다. 기본적으로 핑크색은 빨강에 흰색이 혼합된 색으로 차가운 색이며 특히, 마젠타계열의 핑크는 대표적인 차가운 색이다. 차가운 색은 여름과 겨울 타입으로 여름은 라이트 톤과 그레이 톤이며 부드럽고 광택이 없으며 흐린색으로 강함이 덜하다. 반면 겨울은 선명한 비비드 톤과 다크 톤의 차가운 색으로 선명하고 강하며 콘트라스트가 큰 것이 특징이다.

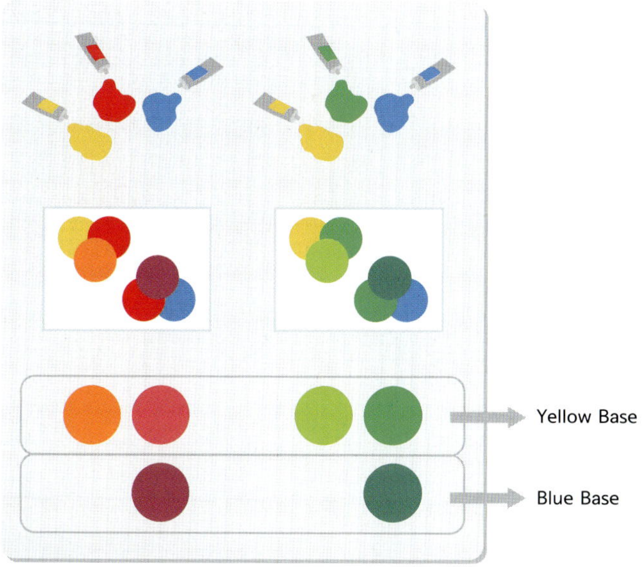

► **컬러칩(2*2)을 이용하여 옐로우 베이스와 블루 베이스를 분류해보자**

Yellow Base		Blue Base
	빨강	
	노랑	
	녹색	
	파랑	
	분홍	

(2) 명도(Value) - 밝은색과 어두운 색(Light & Dark)

① 밝은색

밝은 색의 고명도에서 중명도인 6-11단계에 속하는 색으로 밝고 연한 색으로 부드럽고 은은한 파스텔 톤이다. 사계절 색상 중 봄과 여름이 해당되며 봄은 노랑, 여름은 흰색이 혼합되므로 밝은 색이 주를 이룬다

② 어두운색

어두운 색의 중명도에서 저명도인 1-5단계에 속하는 색으로 어둡고 진한 색으로 사계절 색상 중 가을과 겨울이 해당되며 가을은 황색, 겨울은 파랑이 기본으로 혼합된다.

(3) 채도(Chroma) - 선명한 색과 흐린색(Clear & Muted)

① 선명한 색

순색에 가까운 색으로 비교적 선명하고 광택이 나는 빛을 지닌색으로 에너지가 넘치며 강렬한 색으로 화려하고 자극적인 비비드 색이다 사계절 색상 중에는 봄과 겨울의 색상이 주를 이룬다.

② 흐린색

무채색의 혼합 비율이 커질수록 탁색이 되며 흐린색에 가까운 빛바랜 듯한 색이 된다. 불투명하며 색의 힘이 약하고 자연적인 색이다. 사계절 색상 중에는 여름과 가을의 색상이 주를 이룬다.

3) 4계절 컬러 시스템

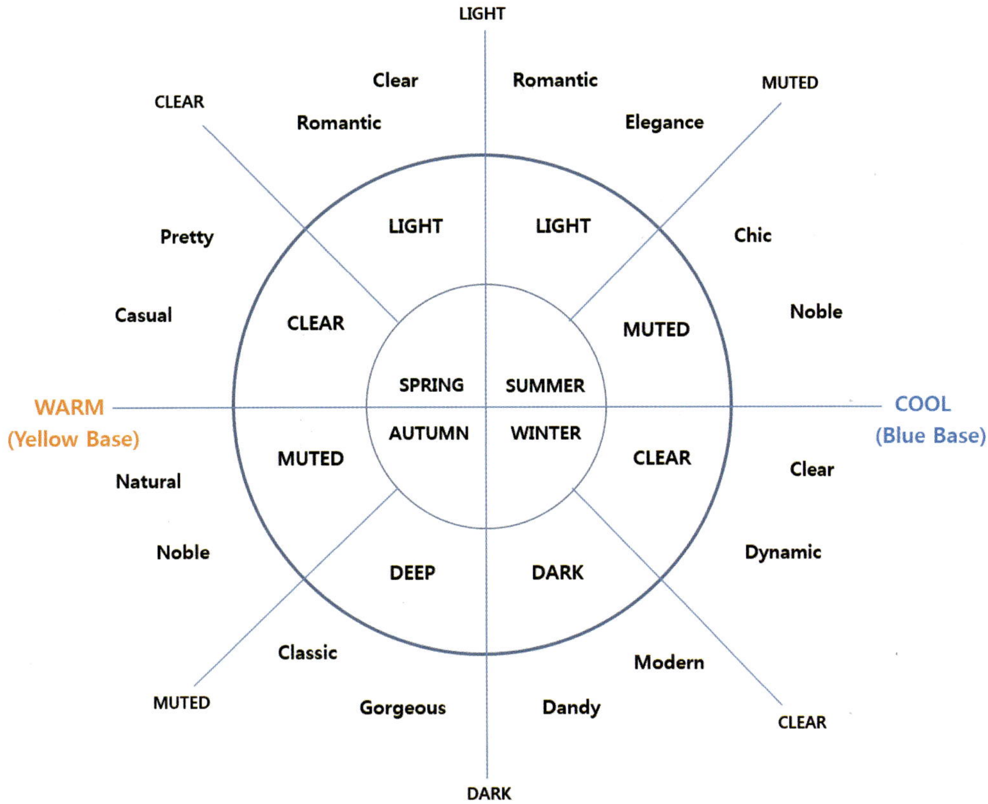

그림 4-10 4계절 컬러 시스템과 이미지

© CCI Color Institute

5) 4계절 유형에 따른 톤 분류

톤이란 명도와 채도의 복합 개념으로 색의 이미지를 표현하는 중요한 속성이다. 톤은 이미지로 표현되며 동일 톤 안에서는 색상이 달라도 이미지는 비슷하기 때문에 색의 표현이나 코디네이션을 할 때 중요 요소가 된다.

4계절로 분류되는 퍼스널 컬러와 톤의 분포도를 함께 학습하면 각 계절에 해당하는 색의 특징과 이미지를 쉽게 이해할 수 있다.

(1) 봄

봄 유형은 비비드, 브라이트, 페일 톤 등으로 선명하면서 밝은색이 주요 컬러이며 발랄하고 귀여운 이미지이다. 특히 브라이트 톤의 캐쥬얼하며 프리티한 이미지가 봄 유형의 대표적인 이미지라 할 수 있다.

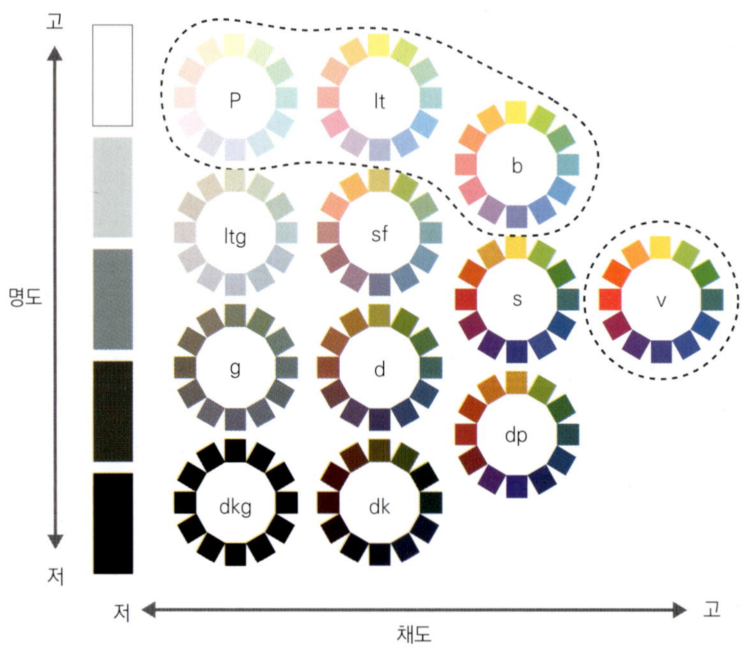

그림 4-11 Spring Tone

옐로우와 함께 피치 핑크, 살몬, 코랄 핑크, 브라이트 그린, 옐로우 그린, 크리미 베이지 등이 주로 활용되는 색상이다.

(2) 여름

여름 유형은 부드럽고 차분한 색이 주요 색상이다. 중채도를 중심으로 라이트, 소프트, 덜톤이 중심이 되어 화이트와 페일, 라이트 그레이시 톤까지 포함한다. 파스텔 톤이 많아 부드럽고 여성적 이미지를 지니고 있으며 전반적으로 화이트 색상을 기본으로 한다.

여름유형은 엘레강스하고 쉬크한 이미지가 대표적 이미지로 라이트 핑크, 페일레몬, 그레이 블루, 스카이 블루 등이 주요 색상이다.

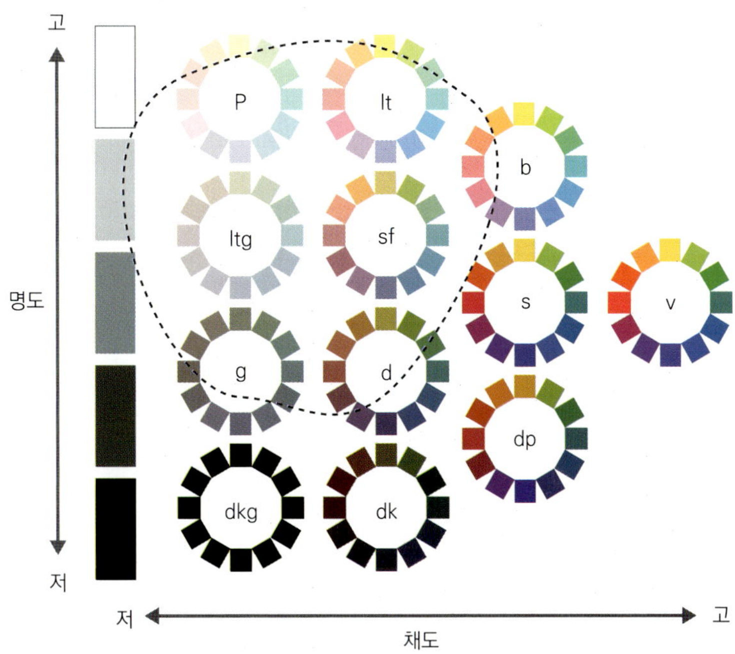

그림 4-12 Summer Tone

(3) 가을

가을 유형은 명도와 채도는 비교적 낮아 차분하면서 어두운 색이 주요 색상이다. 스트롱, 딥, 덜, 소프트, 그레이시 톤으로 탁하고 깊이감이 있다.

고저스하고 클래식한 이미지와 온화하고 자연스러운 이미지가 주요 이미지이다. 가을 유형은 골드 베이스로 브론즈, 다크 오렌지 브라운, 골든 옐로우, 코랄, 터쿠아즈 블루 등 깊고 진한 색이 주요 색상이다.

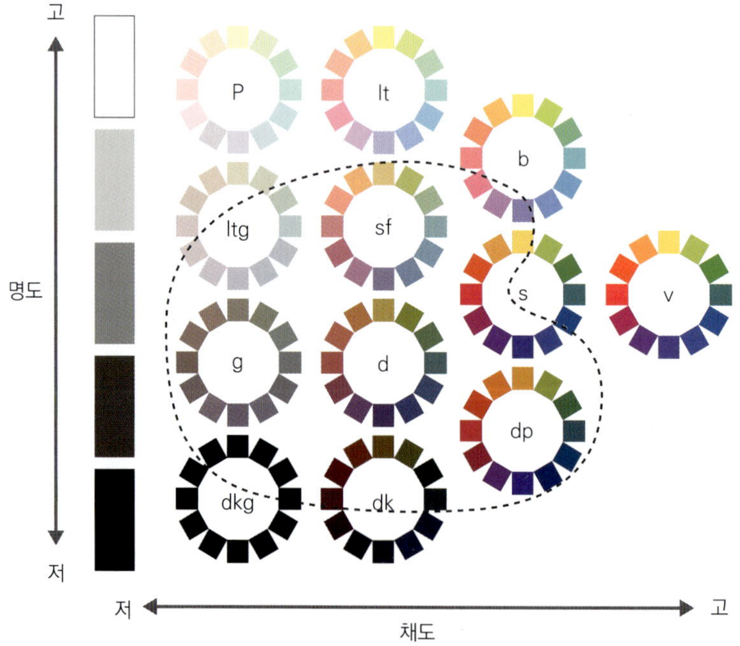

그림 4-13 Autumn Tone

(4) 겨울

겨울유형의 색상은 채도가 높거나 낮아 콘트라스트가 큰 것이 특징이다. 블랙과 화이트처럼 대비감이 강하여 모던하고 다이나믹 하면서도 클리어하다.

비비드, 스트롱 톤과 다크한 톤을 중심으로 한 화려한 톤과 페일 톤의 조화로 표현된 모던과 심플함이 겨울 유형의 대표적 이미지이다.

무채색을 기본으로 하여 딥퍼플, 코발트 블루, 마젠타, 와인 등을 중심으로 한 다크하고 선명한 색이 주를 이루며 아이스 베이지, 실버 등 차가운 계열의 색상과 화이트, 블랙의 배색을 통해 도시적 감각을 지닌 세련된 이미지의 컬러 유형이다.

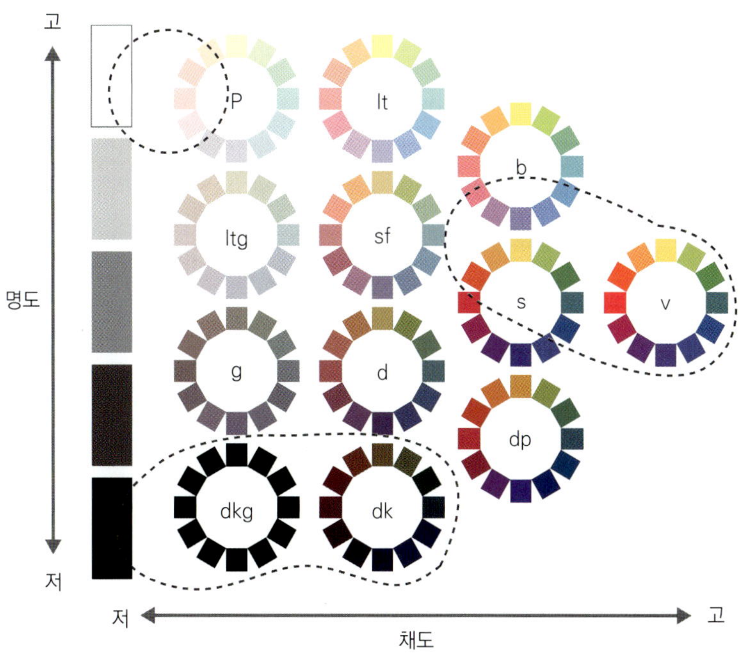

그림 4-14 Winter Tone

6) 4계절 유형의 컬러 코디네이션

봄(Spring)

Base Makeup Color

피치 베이지(Peach Beige)
라이트 피치베이지
(Light Peach Beige)
브라이트 베이지(Bright Beige)

Point Makeup Color

클리어 레드(Clear Red)
오렌지(Orange)
피치 베이지(Peach Beige)
피치 핑크(Peach Pink)

그림 4-15 Spring Coordination

여름(Summer)

Base color
핑크 베이지(Pink Beige)
라이트 핑크 베이지
(Light Pink Beige)
포세린(Porcelain)

Point Makeup Color
퓨어핑크(Pure Pink)
로즈 베이지(Rose Beige)
핑크 베이지(Pink Beige)

그림 4-16 Summer Coordination

가을(Autumn)

Base Makeup Color

웜 베이지(Warm Beige)
웜 내추럴 베이지
(Warm Natural Beige)
아이보리(Ivory)

Point Makeup Color

레드브라운(Red Brown)
브라운(Brown)
내추럴베이지(Natural Beige)
코랄핑크(Coral Pink)

그림 4-17 Autumn Coordination

겨울(Winter)

Base Makeup Color

웜 베이지(Warm Beige)
웜 내추럴 베이지
(Warm Natural Beige)
아이보리(Ivory)

Point Makeup Color

레드브라운(Red Brown)
브라운(Brown)
내추럴베이지(Natural Beige)
코랄핑크(Coral Pink)

그림 4-18 Winter Coordination

그림 4-19 메이크업 제품 진열 모습

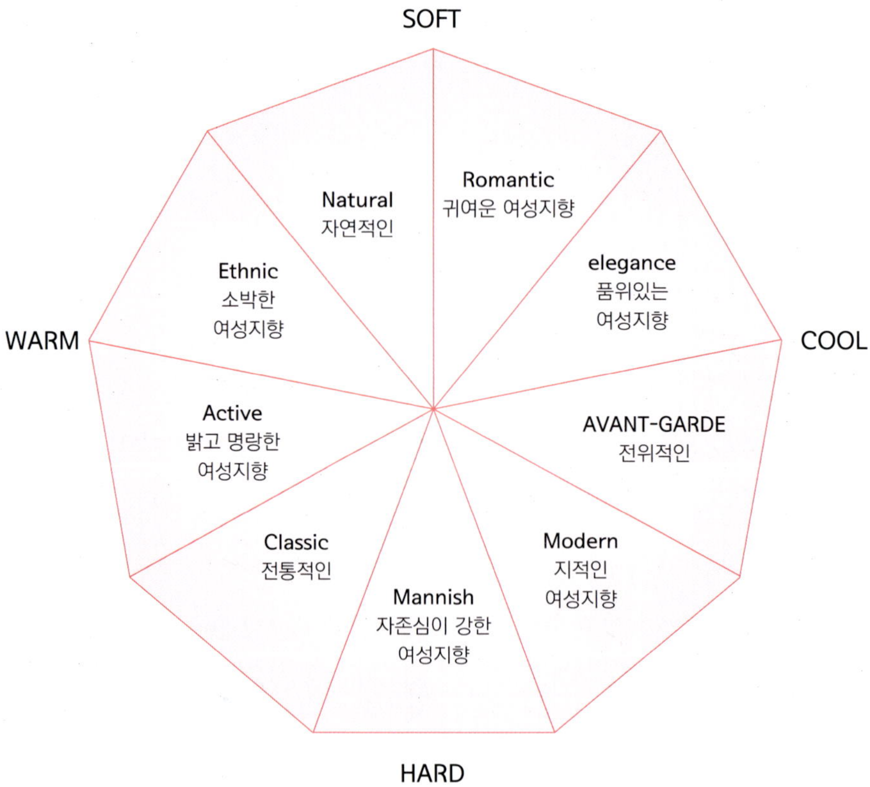

그림 4-20 패션 감성에 따른 이미지 분류

그림 4-21 **이미지에 따른 메이크업 일러스트**

그림 4-21 **이미지에 따른 메이크업 일러스트**

Ethnic

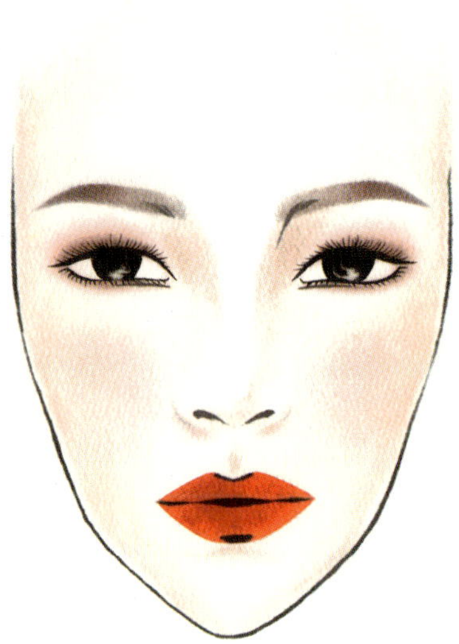

혼주

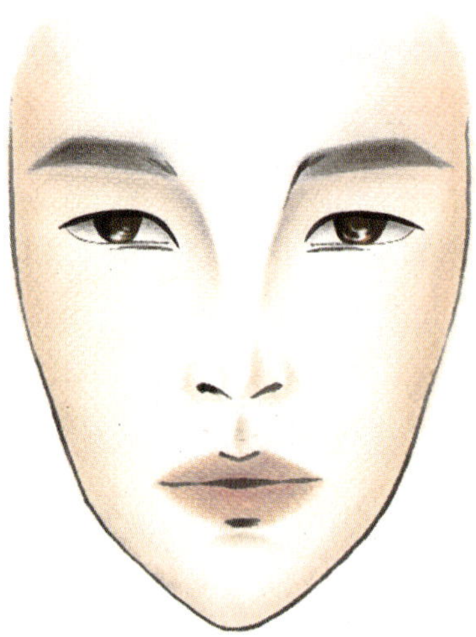

신랑

웨딩

그림 4-21 이미지에 따른 메이크업 일러스트

PART Ⅴ
기본 메이크업

PART V

기본 메이크업

1. 기초제품 사용하기

메이크업 아티스트는 반드시 캔퍼스와 같은 얼굴의 피부에 대해 잘 이해하고 깨끗하고 아름다운 피부에 화장도 잘 받는다는 것을 숙지해야 한다. 전문가로 인정받기 위해서는 화장을 잘해야 할 뿐만 아니라 피부에 대한 연구도 게을리 하지 말아야 한다. 이러한 바탕 위에 완벽한 메이크업도 창조할 수 있다. 메이크업 키트 안에는 각 피부 타입에 맞는 기초 화장품을 다 구비할 필요는 없으며 향이 없고 자극적이지 않은 클린저, 토너 또는 스킨, 모이스춰라이저, 진정젤 등을 구비한다.

1) 클린징의 목적과 방법

메이크업을 하기 전에 기본적으로 깨끗한 피부를 만들기 위해 고객의 얼굴을 클린저로 닦아 낸다. 물 없이 지울 수 있는 제품을 사용하면 편리하다.

(1) 클린징의 목적

클린징의 목적은 외부로서부터 파생되는 메이크업, 먼지 등의 더러운 요소들과 피부자체에서 분비되는 불필요한 피지 및 각질 등의 불순물 등을 제거하여 맑고 투명하며 윤기있는 피부로 가꾸는데 있다.

(2) 클린징의 방법

클린징 제품의 선택이나 클린징 방법은 피부상태에 따라 충분히 고려되어야 한다. 클린징의 방법에는 다음과 같은 것들이 있다. 먼저 메이크업을 한 상태라면 포인트 메이크업을 지우도록 한다.

① 1차 클린징 : 포인트 메이크업 지우기

- 클린징 워터 타입 제품을 화장솜에 묻혀 눈과 입술에 올려둔다.
- 잠시 후 클린징 워터를 묻혀 올려둔 화장솜으로 아이새도 및 입술의 색을 지운다.
- 클린징 워터를 묻힌 면봉으로 아이라인 및 마스카라를 꼼꼼히 지워준다.
- 입술 구강과 입술 주름 사이사이도 면봉을 이용하여 클린징한다.

② 2차 클린징 : 클린징 마사지

- 피부 유형에 맞는 제품으로 얼굴 전면에 도포하여 부드럽게 마사지 한 후 화장티슈를 사용하여 가볍게 닦아준다.
- 클린징 마사지는 3분을 초과할 시 더러움이 피부 속으로 흡수될 수 있으므로 시간 내에 클린징을 마무리 한다.

③ 3차 클린징 : 각질제거

- 만약 각질이 두꺼워서 피부가 탁해 보이거나 클린징 시 각질이 만져지는 피부라면 각질 제거를 추가적으로 해주는 것이 바람직하다.
- 정상피부라 할지라도 묵은 각질을 일주일에 한번 씩은 제거해 주는 것이 바람직하다.
- 일반적으로 각질제거에 대한 피부의 관리법을 모르는 고객도 많다. 따라서 메이크업 고객의 피부에 각질이 있는 경우 각질제거 후 메이크업을 하는 것이 좋다.
- 화장품 중 바르기만 해도 각질이 제거되는 기초 제품이 있어 이러한 제품을 활용할 경우 편리하다.

-민감한 피부의 과도한 각질제거는 피부를 손상시킬 수 있으므로 세심한 관리가 필요하다.

④ 4차 클린징 : 피부결 정리 정돈

-스킨로션이나 토너와 같은 화장품을 사용하여 화장솜에 묻힌 후 피부결을 따라 정돈하듯이 닦아주고 피부의 pH 밸런스를 맞춘다.

2) 클린징 제품의 종류와 특성

(1) 클린징 워터

워터 타입 클린징 제품은 포인트 메이크업을 지우기에 용이하고 눈과 입술 주위 피부에 자극을 주지 않는다.

(2) 클린징 로션

-O/W(Oil in Water)로션으로 친수성을 띄고 있으며 오일이 물에 분산된 형태이다.
-로션 타입은 크림 타입에 비해 세정력이 약하므로 가벼운 메이크업을 지우기에 용이하다.
-피부 자극이 적고 사용 후 물로 세안이 가능하며 이중세안할 필요가 없다.
-고객일 경우 해면으로 닦고 토너로 피부를 정돈한다.
-자신의 얼굴일 경우 물로만 세안해도 된다.

(3) 클린징 크림

-유성성분이며 로션타입에 비해 세정력이 강해 무거운 화장을 닦아내는데 사용한다.
-사용 후 이중세안 즉, 비누세안이 필요하다.

(4) 클린징 오일

-물에 용해가 잘 되는 제품으로 이중세안하지 않아도 된다.
-건성, 노화, 수분부족, 민감성 피부 등에 사용하면 좋다.

(5) 클린징 젤

-산뜻한 사용감으로 지방성분이 없다.
-지방에 예민한 알레르기성 피부나 모공이 넓은 피부에 좋다.
-미온수로 간단하게 제거할 수 있다.

(6) 클린징 티슈

-휴대가 용이한 제품으로 외출시 사용하기 편리하다.
-두꺼운 화장을 했을 경우에는 잘 지워지지 않을 수 있으며 반복 사용할 경우 피부에 자극을 줄 수 있다.

(7) 클린징 폼

-물과 함께 거품이 나는 제형이다.
-피부자극이 적은 계면활성제에 보습성분을 섞어 세정력을 조정한 것이다.

(8) 클린징 스크럽

-살구씨 가루와 같은 형태로 각질제거를 할 수 있는 제형이다.
-크림 비누를 섞어 만들어진 것과 스크럽만 들어있는 제품들이 있다.

3) 기초 제품의 특성과 사용

(1) 스킨 또는 토너 사용

-클린징 후 한번 더 닦아내거나 피부를 진정시키는데 사용한다.
-휴대용으로 편리한 스프레이 타입으로 뿌려서 사용한다.

(2) 모이스춰라이징

- 건성 또는 지성 피부인지에 따라 모이스춰 방법이 달라져야 한다.
- 건성피부에는 수분이 많은 제품을 사용하여 촉촉하게 만들어 준다.
- 지성피부는 유분을 줄여주는 보습 방법이 좋다.

(3) 눈과 입술의 트리트먼트

- 눈과 입술의 피부는 민감하고 피지가 거의 없는 구조로 되어 있어 추가적인 트리트먼트가 필요하다.
- 오일 또는 세럼과 같은 제품으로 주름을 펴주고 예민한 피부에 수분을 공급해준다.

4) 피부타입과 특성

피부의 유형은 크게 중성, 지성, 건성으로 분류되며, 개인의 연령, 성별, 유전인자, 신체조건, 심리상태, 음식물과 계절, 지리적인 조건에 따라 다르게 변화한다.

(1) 중성 피부(정상 피부)

이상적인 피부 상태이다. 예를 들어 주름이 없고 모공이 섬세하며, 부드럽고 단단하며 탄력이 있는 조직을 가지고 있고 혈색이 좋다. 아름다운 피부를 유지하기 위해서는 정신적인 안정(자율신경계와 호르몬의 균형), 균형잡힌 식습관, 생체리듬의 정상화, 적절한 습도와 온도의 생활환경, 자외선으로 보호, 올바른 화장품의 사용과 같은 피부 관리 등이 이루어져야 한다.

(2) 지성 피부

남성호르몬인 안도로겐의 영향인 피지 분비 증가로 과다한 피지가 피부 표면을 덮고 있기 때문에 번들거리며 모공이 점차 넓어지고 각질층을 두꺼워지는 현상을 보인다. 지성피부를 관리하지 않을 경우 피부결은 두꺼워지며 혈액의 순환이 나빠져 안색이 노란 회색에 가까워진다. 또한 피지가 모공을 막아 여드름 유발의 원인이 되며 문제성 피부로 발전될 가능성이 높다.

① 피부관리법

지방과 탄수화물의 과잉섭취를 피한다. 신선한 과일과 충분한 수분 섭취 및 비타민 B군 섭취을 하는 것이 권장된다. 커피 및 알코올 등의 기호 섭취를 자제한다. 알칼리 비누 세안을 피한다. 이중 클린징이 권장된다. 수렴 화장수를 사용하여 진정시킨다. 유분이 많은 화장품을 피하고 수분을 보강하는 관리를 한다.

(3) 건성 피부

건성피부의 종류에는 수분 결핍 건성피부, 유분 결핍 건성피부, 유수분의 모두 결핍인 건성피부가 있다. 일반적으로 건성 피부는 모공이 작고 피부결이 가늘어서 자세히 관찰하지 않으며 괜찮아 보인다. 그러나 피부표면이 항상 건조하기 때문에 윤기와 생기가 없어 보이며 나이가 들면 노화가 가장 빨리 이루어지는 피부이다. 적절한 유분과 수분 관리가 필수이며 관리를 하지 않을 때는 눈가와 입가의 잔주름이 많이 생기고 화장도 잘 받지 않으며 민감해지기 쉬운 피부가 된다.

① 피부관리법

일반적으로 건성피부는 피부활성화를 위해 내적, 외적 충분한 기초 관리가 필요하다. 세안시 뜨거운 물이나 차가운 물은 피하고 미온수를 사용한다. 탈지력이 강한 비누 세안 시 건조함을 더욱 유발할 수 있으므로 사용하지 않는 것이 좋고 메이크업을 했을 경우에는 무자극의 클린징 화장품을 사용한다. 뜨거운 사우너나 온탕에 오래 있지 않는다. 충분한 수분 섭취와 균형잡힌 식사를 해야 하며 생활환경에서도 보습과 온도에 신경을 써야 한다. 피부관리 시 정기적인 마사지 및 영양팩을 실시하고 평소 화장품 사용에도 보습효과가 있는 비타민 A와 E가 함유된 제품을 선택하며 알코올이나 자극이 될 수 있는 광물성 또는 화학적인 오일 사용을 피한다. 되도록 천연 오일과 화장품을 사용하는 것이 좋다.

피부 특성별로 볼 때, 수분 부족 건성피부에는 수분을 보충하는 관리가 필요하다. 유분 부족 건성피부는 피지선을 자극하여 피지분비를 증가시킬 수 있도록 마사지를 정기적으로 받는 것이 권장된다.

(4) 문제성 피부

① 복합성 피부

T-zone은 지루성, U-zone은 건성인 피부이다. T-zone은 세안을 꼼꼼히 하고, U-zone은 정기적인 마사지나 팩을 실시한다. 기초화장품 선택 시 2가지 타입을 고려하여 사용한다.

② 예민성 피부

예민성 피부는 정신, 심리적인 것과 관련이 깊다. 외부자극에 대한 저항력이 약하다. 피부의 민감도는 눈가 - 입가 - 목 - 볼 - 이마 순이다.

예민성 피부의 관리법은 면역과 저항력을 강화시키는 데 있다. 피부를 안정시키고 염증을 방지하며 세포재생을 주목적으로 관리한다. 알콜프리, 무향, 무색소 등 보습을 목적으로 무자극 화장품을 사용한다. 세안시에 비누세안을 자제하고 미온수로 잘 헹군다. 순한 기초화장품을 선택한다. 마사지 시 압을 최대한 절제한다. 자외선 차단제는 SPF 지수가 낮은 것을 선택 사용한다. 민감성 피부에 저항력을 키워주기 위해 림프 관리가 권장된다. 충분한 수면과 수분 섭취, 균형잡힌 식생활을 유지한다. 화장도구나 옷, 베게, 이불은 순면 제품을 사용하는 것이 바람직하다.

③ 모세혈관 확장 피부

모세혈관 확장증은 얼굴 중 체온이 가장 낮은 볼 부위에 나타난다. 혈액순환의 양은 많아지면 혈관은 굵어지는데 스스로의 신축성이 감소하여 혈액의 양이 원상태로 유지하지 못하여 유발된다. 모세혈관이 확장되어 붉은 색으로 보이는 피부는 선천적으로 혈관이 약하거나, 갑상선이나 성호르몬 불균형인 사람, 갱년기 여성, 위장과 장애 문제가 있어 만성 변비를 가진 사람, 긴장과 스트레스에 시달리는 사람, 커피, 알코올, 흡연 등 기호식품을 즐기는 사람들에서 볼 수 있다.

모세혈관 확장 피부의 피부관리법으로는 다음과 같은 것이 있다. 필수 영양소로는 모세혈관을 강화시킬 수 있는 비타민 P, C군과 B군을 권장한다. 피해야 할 식품군은 콜라, 카레, 겨자, 죽순, 마늘, 고추, 커피, 알코올, 담배 등이다. 되도록 필링, 스크럽 등의 딥 클린징은 피하고, 세정팩을 권장한다. 마사지 시 부드럽게 하며 모세혈관이 두드러진 곳은 마사지를 하지 않는다. 팩제는 영양이 풍부한 크림타입을 권장한다. 혈관을 튼튼하게 자극을 주기 위해 온·냉 교차타올을 사용한다. 외출시 외부 환경으로부터 피부를 보호하고 자외선을 차단하기 위해 메이크업을 한다.

2. 베이스 메이크업하기

1) 색과 질감 선정하기

베이스메이크업에서 가장 중요한 것은 피부상태를 파악하는 것이다. 피부 표현을 위한 베이스메이크업 재료의 특성에 따른 질감이나 색의 효과는 메이크업 트렌드에 따라 달라질 수 있다. 최근에는 자연스러운 피부 톤을 비롯하여 다양한 질감을 중시하는 추세이므로 베이스메이크업시, 우선시 되는 것은 가벼우면서 피부트러블에 대한 결점을 보완하는 것과 톤을 조절하는 것이다.

피부색은 흰 피부, 보통피부, 검은 피부 등으로 구분할 수 있는데, 피부색 진단은 메이크업을 하지 않은 상태에서 헤어스타일은 페이스라인이 드러나도록 정리한 후, 표준 광원(5520K)이 있는 거울 앞에 앉아 (그림 5-1)에서 제시한 바와 같이 먼셀색상의 10.0YR~10.0YR의 범위의 분포도에 있는 여러 가지 색을 얼굴에 대비시켜 피부색과 가장 가까운 컬러 칩을 선택함으로써 가능하다.

표 5-1 태동숙, 2005, <베이스 메이크업 제품에 의한 피부색 보정과 문제성 피부의 효과분석>, 성신여자대학원 조형대학원, 석사학위논문

P 핑크 계열	N 내추럴 계열	O 황갈색 계열 (yellow)	B 브론즈 계열 (brown)
P-Ⅰ 2.5 YR 8.0/3.0	N-Ⅰ 5.0 YR 8.0/3.0	O-Ⅰ 7.5 YR 8.0/3.0	B-Ⅰ 2.5 YR 5.5/5.0
P-Ⅱ 2.5 YR 7.0/4.0	N-Ⅱ 5.0 YR 6.0/4.0	O-Ⅱ 7.5 YR 6.0/4.0	B-Ⅱ 7.5 YR 7.5/5.0
P-Ⅲ 2.5 YR 6.0/4.0	N-Ⅲ 5.0 YR 6.0/4.0	O-Ⅲ 7.5 YR 6.0/4.0	B-Ⅲ 7.5 YR 7.5/2.0
그 외	이상적인 피부색 1.5 YR 7.5/3.5	건강한 피부색 2.5 YR 6.5.4.5	창백한 피부색 10.0 YR 7.5/2.0

(1) 피부색과 제품 색 선택

① 흰 피부

여성스럽고 깨끗해 보일 수 있으나 동시에 창백해 보여서 아파보일 수 있다. 따라서 화사한 피부 톤으로 표현될 수 있도록 제품의 질감과 컬러를 선택하는 것이 중요하다.

- 메이크업베이스 : 투명컬러를 사용하여 본래의 상태인 흰 피부색을 강조하던가 또는 핑크색을 사용하여 화사한 톤으로 조절함으로써 생기를 부여해준다.
- 파운데이션 : 라이트톤의 베이지나 라이트톤의 핑크 색을 도포하여서 창백한 피부 톤을 화사하게 만들어준다. 약간의 펄이 들어있는 제품을 사용하면 윤기있는 질감이 표현됨으로써 화사함과 함께 건강미를 부가시킨다.
- 파우더 : 투명파우더로 메이크업베이스의 화사한 톤을 드러나도록 하거나 핑크색 파우더를 사용하여 자칫 창백해 보일 수 있는 피부 톤을 한 번 더 조절해줌으로써 더욱 화사하게 표현한다.

② 노란 피부

우리나라 사람에게서 가장 흔하게 볼 수 있는 피부색이다. 이 피부색의 경우에는 대체적으로 다트서클도 함께 유지되고 있어서 칙칙해 보이거나 건강에 이상이 있어 보일 뿐 아니라 나이 들어 보일 수 있다.

- 메이크업베이스 : 핑크색이나 연보라색을 사용하여 칙칙한 톤에 화사함과 생기를 부여해주는 것이 좋다.
- 파운데이션 : 얼굴색과 가장 근접한 색을 고르되 핑크 톤이 보이는 파운데이션을 선택하는 것이 좋다.
- 파우더 : 메이크업베이스와 같은 핑크색이나 연보라색 계열을 사용하여 화사한 톤의 지속력을 높여주는 것이 좋다.

③ 붉은 피부

붉은 피부는 피부 층이 너무 얇거나 모세혈관이 확장된 경우에 나타난다. 여드름성 피부일 경우에도 붉은 색을 띠는데, 이 경우 보색계열로 붉은 색을 보정하여 깨끗하고 차분하게 보이게 하는 것이 중요하다.

- 메이크업베이스 : 붉은 색과 보색관계 혹은 연변보색 관계에 있는 블루나 그린계열의 베이스로 보정을 해준다.

-파운데이션 : 얼굴색에 가까우면서 톤 다운된 베이지색의 파운데이션을 선택한다.

-파우더 : 옐로우 톤이 가미된 베이지 색의 파우더로 마무리해주는 것이 깨끗하고 차분해 보인다.

④ 어두운 피부

어두운 피부색은 섹시해 보일 수도 있지만, 자칫 탁하고 칙칙해 보일 수 있다. 따라서 칙칙한 피부 톤을 밝아보이게 하는 것이 중요하다.

-메이크업베이스 : 엷은 핑크색의 메이크업 베이스를 사용하는 것이 좋다.

-파운데이션 : 밝아보이게 한다는 취지로 명도 높은 핑크 색을 사용하면 오히려 피부가 들떠 보이므로 명도에 주의할 필요가 있다. 중간 톤의 베이지 계열이나 피부 톤에 맞는 베이지 색의 파운데이션을 사용하는 것이 좋다.

-파우더 : 베이지 색의 파우더를 사용하는 것이 좋다.

(2) 문제성 피부보정

① 여드름과 흉터

올바른 세안으로 노폐물과 오염물을 잘 제거하는 것이 가장 중요하며, 흉터를 손톱으로 자극하지 않는 것이 중요하다. 손톱에 의한 자극은 자칫 상흔으로 남을 우려가 있기 때문이다.

-메이크업베이스 : 여드름과 흉터는 대부분 붉은 색을 보이므로 그린색 메이크업베이스를 얇게 바름으로써 보색에 따른 무채색화 시키는 것이 중요하다.

-파운데이션 : 여드름이나 흉터가 산발적으로 분포된 경우는 피부색보다 반 톤 정도 어두운 파운데이션을 전체적으로 펴 바름으로써 여드름과 흉터의 붉은기를 커버한 다음 피부색과 동일한 색의 파운데이션이나 반 단계 정도 밝은 베이지색의 파운데이션

을 얼굴 전체에 가볍게 덧입혀주는 것이 좋다. 여드름이나 흉터가 부분적으로 도드라지게 있는 경우에는 얼굴색과 가까운 색의 파운데이션을 넓게 도포한 후 동일한 색의 파운데이션을 부분별로 한 번 더 도포해준다.

- 파우더 : 베이지색의 파우더로 붉은기를 차분하게 마무리 하도록 한다.

② 백반증

얼굴 톤을 전체적으로 균일하게 맞추는 것이 가장 중요하다.

- 메이크업베이스 : 본래의 피부색과 동일한 메이크업베이스를 백반증이 나타난 부분에 펴 준다.
- 파운데이션 : 피부색과 동일한 파운데이션을 얼굴 전체에 펴 바른다. 적당량의 파운데이션이 피부에 흡수되었다 싶을 때 한 번 더 파운데이션을 가볍게 덧발라준다. 액체 타입보다는 고형타입의 파운데이션이 적당하다.
- 파우더 : 피부색과 가까운 케익타입 파우더를 도포하여 충분히 커버될 수 있도록 한다.

③ 다크써클

가벼운 느낌의 아이에센스나 크림을 눈 밑에 소량 발라서 피부를 촉촉하게 만드는 것이 중요하다. 왜냐하면 눈 밑 피부의 조직은 얇고 약하기 때문에 건조하면 파운데이션이 뭉치거나 주름이 강조될 수 있기 때문이다. 그리고 너무 밝은 색보다는 라이트 베이지색의 컨실러 타입의 파운데이션에 복숭아빛을 첨가하여 커버하는 것이 다크써클 색을 감추는데 도움이 된다.

- 메이크업베이스 : 옐로우색의 메이크업베이스를 사용한다.
- 파운데이션 : 컨실러타입의 파운데이션을 브러시나 손가락을 이용해서 잘 스며들도록 가볍게 패팅하듯이 발라주도록 한다.
- 파우더 : 옐로우톤의 파우더를 선택한다.

④ 잡티/주근깨

잡티나 주근깨는 넓게 산발적으로 분산되어 있어서 본래의 피부색과 적절하게 조절할 수 있어야 한다. 이때 부분 커버보다 전체적으로 커버하는 것이 중요한데, 잘못된 컨실러 사용으로 부분별로 커버할 경우에는 오히려 피부표면에 요철만 생기고 균일한 피부 표현에 방해가 될 수 있으니 주의를 요한다.

- 메이크업베이스 : 투명/옐로우색이나 그린색의 메이크업베이스를 선택하는 것이 좋다.
- 파운데이션 : 피부색에 가까운 베이지색의 고형타입 파운데이션으로 커버력을 높인다.
- 파우더 : 소량의 파우더를 2-3회 나누어 펴 바르거나 고형타입의 파우더로 커버력을 높인다.

(3) 피부질감의 유형과 특징

① 매트(Matt)

유분기 없는 무광택의 보송한 질감을 보인다.

매트한 질감은 유분기가 없는 무광택의 피부표현으로 피부가 빛을 받았을 때 반사되기 보다는 흡수되는 것처럼 보인다. 피부가 보송보송하여 피부표면이 매우 부드러워 보이며 깨끗해 보이는 특징이 있다.

매트한 질감 표현을 위해 메이크업 베이스 제품은 펄이 없고 유분기가 없는 컬러베이스를 사용하고, 파운데이션은 피부 톤에 맞는 제품을 사용하여 섬세하게 도포해준 뒤 파우더를 발라 유분감을 잡아준다. 이때 과도한 파우더의 사용은 메이크업이 전체적으로 답답해 보일 수 있으므로 주의하여야 하며, 리퀴드타입의 파운데이션 제품에 투명파우더를 바르는 것을 기본으로 한다. 하이라이터나 치크를 표현할 때에도 펄이 없는 제품을 사용하여 무광택 질감을 표현해준다.

그림 5-1 **매트(Matt)한 질감**

피부표면에 나타난 무광택 질감의 농도에 따라 Soft Matt와 Hard Matt로 나눌 수 있는데, Soft Matt는 얇은 표면 질감에 가볍고 산뜻하고, Hard Matt는 두꺼워 보이는 피부표면으로 무겁고 거칠어 보인다.

매트한 질감의 베이스메이크업은 번들거림이 없기에 지성피부에 좋고, 전체적으로 단정하고 차분해 보이지만 무겁고 불투명한 느낌을 준다.

② 크리미(Creamy)

기름이 주는 광택있는 윤기의 질감을 보인다.

Creamy한 질감은 피부자체에 자연스럽게 나타나는 유분과 같은 질감을 보이는 것이 특징이다. 자연스러운 윤기는 매끈한 무결점 피부로 표현되어 일명 도자기 피부, 또는 결광 베이스메이크업이라고 한다.

그림 5-2 **크리미(Creamy)한 질감**

크리미한 질감 표현을 위해 리퀴드나 크림파운데이션을 바른 후 압축 파우더를 파우더 브러시로 페이스라인을 중심으로 도포하되 얼굴중앙을 향한 터치로 소량만 바름으로써 얼굴 중앙부위의 피부의 윤기를 그대로 강조한다. 이와같은 방법은 피부표면이 매끈하게 마무리되는 표현법으로 특히 지성피부 타입에 효과적이다.

유분에 따른 약간의 끈적한 느낌은 잡티나 여드름 등을 완벽하게 커버하면서도 자신의 피부결에 따라 매끈하게 표현되어 자연스러움을 극대화시킨다.

③ 쉬머(Shimmer)

미세한 펄의 광택있는 질감을 보인다.

쉬머한 질감은 글로시와 실키의 중간 단계에서 펄 감이 가미된 상태로 윤기와 광택을 주는 점이 특징이다. 크리미한 피부 질감처럼 얼굴에 윤기와 광택을 주는 점은 유사하지만 윤기의 정도는 입자가 가는 펄로 하여금 표현이 가능하여 펄광메이크업이라고 한다.

쉬머한 질감 표현을 위해 미세한 펄로 얼굴전체를 도포하거나 중간정도 입자의 펄을 사용하여 T존과 눈썹 뼈, 콧등, 광대뼈를 강조해 줌으로써 크리미보다 화사하고 섹시해 보이도록 한다. 특히 하이라이트부위를 펄 제품으로 강조하면 윤곽을 뚜렷하게 보일 뿐 아니라 얼굴이 입체적이며 작아 보이는 효과가 있다.

펄 파우더 뿐만 아니라 펄 파운데이션이나 펄 메이크업 베이스를 사용하거나 펄 아이 섀도우를 사용하면 피부표현이 더욱 풍부하고 럭셔리하면서도 섹시함이 강조된다.

그림 5-3 **쉬머(Shimmer)한 질감**

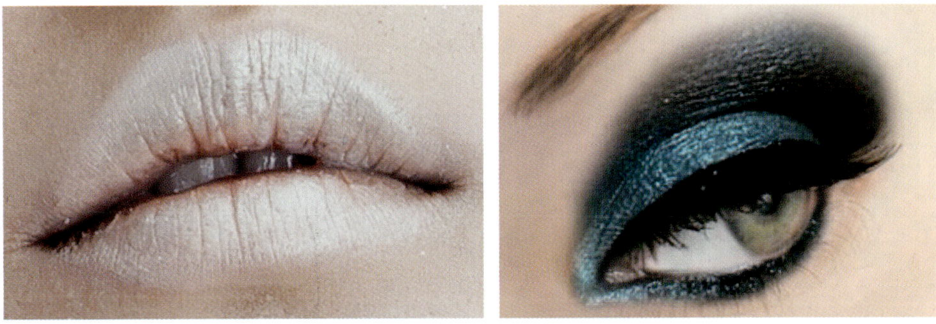

그림 5-4 **쉬머(Shimmer)한 질감**

④ 글로시(Glossy)

물이 주는 투명한 질감을 보인다.

글로시한 질감은 피부가 마치 물을 머금은 것과 같이 탱탱하고 촉촉한 느낌의 광택과 수분기가 많아 보이는 것이 특징이다. 오일이나 유분기가 많은 크림파운데이션을 사용하여 피부에서 윤기가 나게 표현하므로 물광메이크업이라고 한다.

그림 5-5 **글로시(Glossy)한 질감**

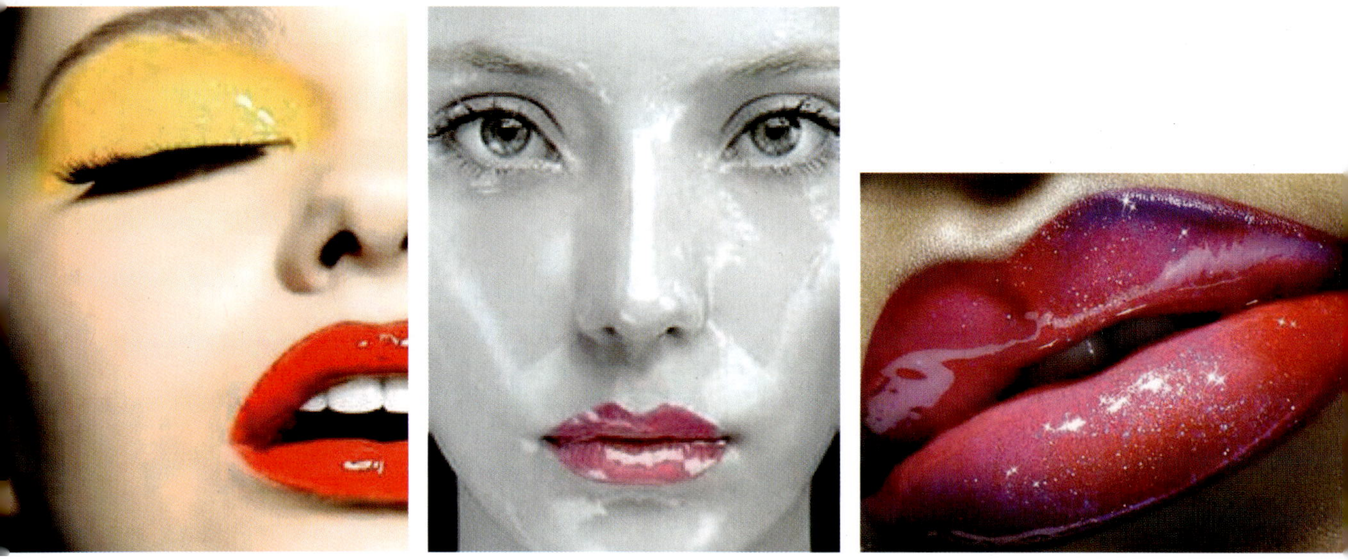

그림 5-6 **글로시(Glossy)한 질감**

글로시한 물광 피부질감을 표현하기 위해 수분제품 중심으로 기초메이크업을 하고, 파운데이션에 페이스 오일을 섞어 피부에 도포하거나 파운데이션 도포 후 손바닥에 페이스 오일을 덜어 얼굴에 눌러주어 피부를 촉촉하고 윤기나게 하거나 파우더를 생략하여 유분기를 강조한다.

여름철 건강한 피부를 표현하거나 섹시한 느낌을 주는데 효과적이며, 광택감과 윤기가 있다는 점에서 크리미 질감과 유사하나 기름진 느낌의 윤기감이 아닌 물이 주는 투명한 광택감이 차이점이다.

⑤ 실키(Silky)

광채가 주는 균일한 질감을 보인다.

실키한 질감은 모공 외에도 잔주름까지 말끔히 메꾸어 피부표면이 균일한 것이 특징이다. 물광이나 윤광 표현에 비하여 커버력이

그림 5-7 **실키(Silky)한 질감**

높으면서 실크같은 느낌으로 피부에 얇고 가볍게 표현하지만 피부에서 빛이 나게 표현하는 질감으로 결광메이크업이라고 한다.

실키한 피부질감을 위해 파운데이션을 바른 후 파우더로 유분을 잡아주고 진주 펄의 하이라이터나 펄 파우더로 피부표면을 쓸어주어 보송하고 화사한 피부 톤을 유지한다. 빛이 나는 질감 표현을 위해서 진주 펄을 사용하는데 이때 펄 입자는 독립적으로 나타나지 않고 파우더와 함께 섞여 부드럽게 표현되며, 진주펄 특유의 핑크빛이 있기 때문에 빛을 받았을 때는 빛 반사로 인해 피부에서 광채가 나타나 보인다.

땀이 많거나 유분이 많은 피부에 적절하며, 크리미한 질감과 유사하게 가벼운 질감이지만 빛을 유지하는 것이 다르다.

⑥ 글리터리(Glittery)

반짝반짝 빛나는 질감을 보인다. 글리터리한 질감은 화려하고 반짝이는 광택을 보이는 것이 특징이다.

글리터리한 질감을 위해 미네랄워터 스프레이를 원하는 부위에 분무한 후 섬세한 펄 보다는 굵고 거친 펄이나 비즈로 하여금 컨셉별로 특정 부위나 얼굴 표면에 뿌리거나 붙임으로써 반짝 반짝 빛나게 할 뿐 아니라 반짝이는 소재의 컬러와 크기에 따라 각기 다른 이미지를 표현한다.

거친 펄과 비즈의 화려함과 다양함으로 환타직한 이미지 표현에 효과적이다.

그림 5-8 **글리터리(Glittery)한 질감**

그림 5-9 글리터리(Glittery)한 질감

2) 메이크업 베이스 바르기

메이크업베이스 제품에 대한 지식은 다음과 같다.

(1) 사용 목적

① 파운데이션 및 색조화장으로부터 피부를 보호해 준다.
② 피부색을 보정시켜 준다.
③ 파운데이션의 밀착감을 좋게 한다.
④ 메이크업을 오래 지속시켜 준다.
⑤ 피부에 수분막 형성하여 수분증발을 억제시킨다.
⑥ 건조한 공기나 자외선으로부터 피부를 보호해 준다.
⑦ 피부를 생기있고 깨끗하게 표현, 화장의 지속력을 높인다.

(2) 사용방법

① 피부에 남아있는 유분기를 티슈로 살짝 제거해주고 손가락이나 스펀지, 혹은 붓으로 골고루 펴 바른다.
② 바를 때는 적당량을 덜어 얼굴 전체에 점을 찍듯 나눈 후 뺨, 이마, 턱 등 넓은 부위부터 바른다.
③ 피지분비가 많은 T-zon은 얇게 두드리면서 발라주고 입술도 함께 발라주면 립스틱이 오래 지속되고 입술이 트는 것도 예방할 수 있다.
④ 지성피부 : 리퀴드타입의 자외선 차단제가 함유된 메이크업베이스를 선택. 손을 이용하여 손가락의 체온이 메이크업 베이스의 흡수를 도와주도록 한다.
⑤ 건성피부 : 자칫하면 피부가 탄력을 잃고 주름도 많아져 나이가 들어 보일 수 있기 때문에 유분성분이 많은 크림 타입이 적당하다. 손으로 바르지 말고 스펀지나 붓을 사용해야 얼룩지거나 뭉치지 않는다.
⑥ 피부색이나 원하는 피부 표현에 따라 메이크업 베이스 컬러를 분류하여 선택해야 한다.

(3) 색상별 분류

① 그린(Green)/블루(Blue)

피부의 붉은기를 커버하거나 잡티 많은 얼굴에 사용하여 깨끗한 피부 표현을 해준다.

② 핑크(Pink)

핏기 없는 창백한 피부에 혈색을 부여해 준다.

③ 옐로우(Yellow)

거무스름한 피부를 밝게 보이고자 할 때 사용한다.

④ 오렌지(Orange)

선탠(suntan)한 느낌의 건강한 피부색을 표현할 때 사용된다.

⑤ 보라(Violet)

동양인과 같은 노란기가 많은 피부에 사용하며, 밝고 화사한 피부 표현에 사용된다.

(4) 형태별 분류

① 젤 타입(gel type)

청량감을 느끼게 하는 타입으로 땀이나 피지 분비가 많은 여름철에 적합하다.

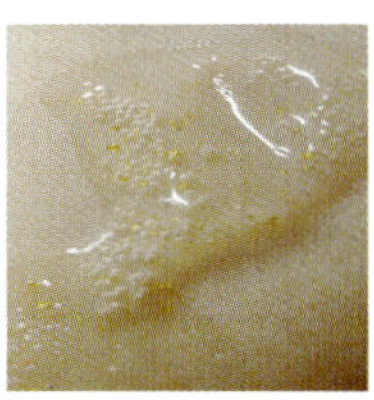

② 리퀴드 타입(liquid type)

끈적거림을 막아주는 타입으로 지성 피부를 가진 사람에게 적합하다.

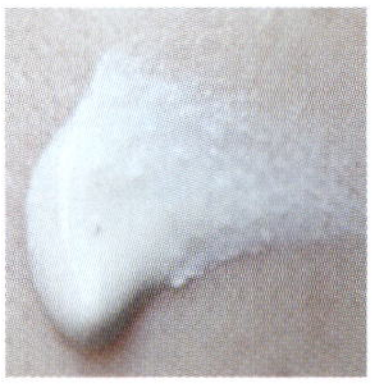

③ 프라이머타입(primer type)

피부의 요철을 메워주어 실크 같은 피부막을 만들어 매끈한 피부 표현을 위한 실리콘 베이스 제품으로 모공과 잔주름 등으로 인한 피부의 굴곡을 부드럽게 잡아주어 메이크업을 위한 최적의 피부 상태를 만들어 준다. 또한 피부가 당기거나 번들거림을 막아주어 메이크업을 실키하고 산뜻하게 유지해주는 효과가 있다.

실리콘 유도체를 함유한 가벼운 반투명 젤 타입의 프라이머 제품들은 빛을 가볍게 난반사하여 얼굴의 미세한 주름이나 결점들을 매끈하게 커버해 주는 효과를 나타낸다. 피부의 질감을 보정해주는 기능으로 얼굴빛을 효과적으로 반사하게 한다.

④ 비비크림타입(B B Cream type)

정식 명칭은 '블레미시 밤(Blemish Balm)'. 피부과 치료 후 피부 재생 및 보호 목적으로 주로 사용하는 제품이다. 잡티를 가려주고 피부 톤을 정리해준다.

⑤ 씨씨크림타입(C C Cream type)

프라이머, 메이크업 베이스, 파운데이션, 컨실러 등을 섞어 가볍게 펴 바르는 복합적인 기능성 화장품이다. 비비나 파운데이션보다 가볍다.

⑥ 컬러 컨트롤 베이스타입(Color control base type)

제품에 함유된 컬러를 이용하여 피부의 톤을 개선하고 정리하기 위한 제품이다. 메이크업 베이스 제품의 색상에 따라 그린(Green), 핑크(Pink) 바이올렛(Violet), 오렌지(Orange), 옐로우(Yellow), 블루(Blue)이다. 그린은 피부의 붉은기를 제거하고, 핑크나 바이올렛은 창백한 피부에 사용하여 혈색을 보강해서 화사하고 생기있게 표현한다. 오렌지는 눈 밑의 다크써클이 심할때, 옐로우는 어두운 피부를 밝게 보이고자 할 때, 블루는 기미주근깨, 잡티가 많은 피부일 때 사용한다.

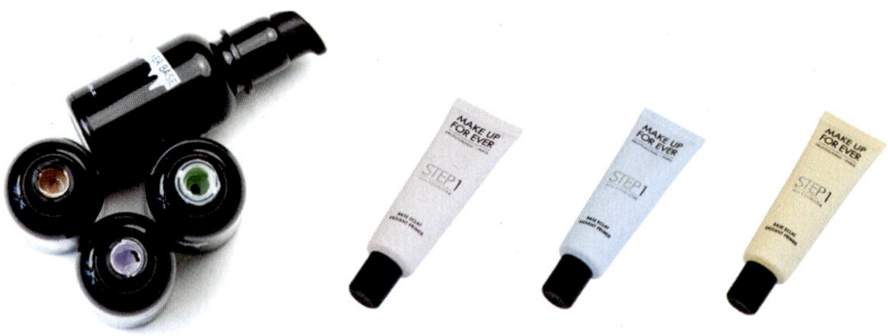

3) 파운데이션 바르기

(1) 사용 목적

① 자외선, 온도변화, 공해, 먼지, 바람, 외부자극 등으로부터 피부를 보호한다.
② 피부의 결점인 기미, 주근깨, 잡티를 커버해 주므로 포인트 메이크업을 돋보이게 해준다.
③ 파운데이션의 하이라이트(highlight)와 섀딩(shading)효과를 통하여 얼굴의 윤곽을 수정하여 입체감을 줄 수 있다.

(2) 사용방법

① 파운데이션을 스펀지에 적당량 묻힌 다음 볼, 이마와 턱 순으로 바른다.
② 바를 때는 안쪽에서 바깥쪽으로 펴 발라 경계도 없애고 두께도 얇게 표현한다.
③ 눈썹부분은 반대방향으로 발라주어야 뭉친 부분이 잘 펴지고 눈썹을 그릴 때 아이브로우 컬러가 진해지지 않고 자연스럽게 연출할 수 있다. 눈가, 눈 밑, 콧방울 등의 부위는 스펀지 양옆을 꾹꾹 눌러가며 한 번 더 섬세하게 터치해준다.
④ 파운데이션이 들뜨지 않게 바르려면 먼저 컨실러를 이용하여 부분적으로 커버해야할 부분을 찍어둔다. 이렇게 하면 전체적인 피부 톤을 두껍지 않으면서 잡티부분만 커버가 되어 가벼워진다. 파운데이션을 발라도 얼룩지지 않게 컨실러 바른 가장자리를 얇게 경계가 없게끔 잘 펴준다.
⑤ 피부타입에 따라서 파운데이션 선택이 달라질 수 있는데 피부타입은 고정되는 것이 아니라 항상 변화하므로 피부상태에 따라 다르게 사용하는 것이 좋다.

(3) 파운데이션 제형에 따른 특성

파운데이션에 사용하는 착색안료는 주로 무기안료를 사용하는데, 무기안료의 입자크기는 보통 0.3~0.6 마이크로미터정도로 모공을 폐쇄할 우려가 없고, 피부에 염착되지 않으며, 납, 비소, 수은 등의 중금속이 법정 허용치만큼 극미량 함유될 수 있다.

파운데이션은 크게 워터베이스타입(water base type)과 오일베이스 타입(oil base type)으로 나뉘며, 먼저 워터베이스타입은 우수한 도포력과 촉촉한 감촉, 그리고 피부 보호효과가 우수하지만 땀이나 피지 등에 쉽게 지워진다. 수분상태에 유분상태의 분체원료를 유화, 분산시킨 파운데이션으로 점성에 따라 크림파운데이션, 리퀴드파운데이션, 흔들어 사용하는 분리형 파운데이션이 있다. 일반적으로 점성이 낮을수록 발림성은 좋으나 안정성이 떨어질 수 있으며, 분체는 일반적으로 표면적이 커서 피부표면에 도포하면 피부표면의 피지를 흡수하는 기능을 가진다. 분체가 피부표면에 남은 여분의 피지를 흡수하면 피부의 번들거림을 방지할 수 있으나, 과도한 피지의 흡수는 피부표면을 건조하게 만들 수 있다.

오일베이스는 유화형 파운데이션으로 유분 함유량이 많기 때문에 비, 땀 등에 쉽게 지워지지 않아 지속력이 우수한 반면 사용감이 끈적인다. 그러나 최근 실리콘오일 및 실리콘계 계면활성제가 개발되어 실리콘 특유의 산뜻하고 매끄러운 감촉의 사용감과 함께 지속력이 향상되었다. 오일베이스 또한 점성에 따라 크림파운데이션, 리퀴드파운데이션, 분리형 파운데이션으로 나뉜다.

파운데이션을 제형별로 특성을 살펴보면 다음과 같다.

① 리퀴드타입(liquid type)

수분기가 많은 파운데이션으로 산뜻한 사용감으로 자연스러운 메이크업시 또는 지성 피부에 사용이 적합하나 표현력과 커버력이 약하다는 단점이 있다. 그래서 피부에 자신감이 있는 사람, 특히 투명메이크업을 원하는 사람이 하기에 적합하며 피부타입에 관계없이 누구나 사용할 수 있다.

우리피부에 가장 가까운 유액타입의 파운데이션이기 때문에 가장 자연스럽고 투명한 피부 표현을 할 수 있을 뿐 아니라 이러한 사용감의 장점에 다른 기능들을 추가하여 얼굴선을 선명하게 해 주는 기능이 있는가하면 보다 투명하고 화사한 피부톤으로 만들어주는 파운데이션도 있다.

② 크림타입(cream type)

유분기가 많아서 사용감이 부드러우므로 건성피부에 많이 사용하고 가장 대중적인 파운데이션이라 할 수 있다.

커버력이 뛰어나서 피부에 자신이 없는 사람이나 중년층, 격식메이크업(formal make-up)을 원하는 사람이 주로 많이 사용한다.

크림타입 파운데이션은 리퀴드 파운데이션과 소프트 타입의 중간의 부드러운 파운데이션이며 수분이 함유되어 퍼짐성이 좋고 촉촉한 느낌을 가질 수 있어 건성피부나 겨울철 메이크업에 적당하다.

③ 스킨커버타입(skin cover type)

일반 제품 중 잡티에 대한 커버력이 가장 우수한 제품이며 유분기가 많으므로 악건성 피부에 사용이 적합하다. 자칫 두꺼운 표면으로 인해 답답해 보일 수도 있지만 오랜시간 동안 촉촉하면서 자연스러운 피부 톤 보정까지 커버력이 유지되는 장점이 있다. 고체형이기 때문에 일반 퍼프보다 NBR퍼프로 사용해야 밀착력이 더 뛰어나고 뭉침없이 잘 발린다.

④ 스틱타입(stick type)

전문가용으로 커버력이 우수하며 목적에 따라 색을 조색하여 라텍스 스펀지(latex sponge)를 이용하여 바른다.

스틱파운데이션은 고급 알코올, 고급 지방산 합성에테르, 합성 트리글리세라이드, 탄화수소, 실리콘 및 천연유지 등의 오일 및 왁스로 된 기제에 체질안료 및 착색안료를 분산시킨 제품으로 수분이 없는 분체와 유분이 거의 반반으로 이루어진 고형상의 파운데이션이다. 제조방법에 따라 납작한 접시형의 커버메이크업형과 스틱형의 파운데이션으로 나뉜다. 유성파운데이션은 기제가 유제이기 때문에 피부에의 부착성과 피복력이 우수함으로 피부의 결점을 커버하기 좋고, 메이크업의 지속성도 뛰어나다. 또한 도포 후에는 내수성의 유막이 형성되어 피부의 건조를 막아주는 효과가 높다.

⑤ 컨실러타입(concealer type)

파운데이션을 바르기 전에 심한 기미 자국 잡티나 점 부위에 부분적으로 바른다. 우수한 커버력이 있으므로 잡티나 흉터 커버에 용이하다.

⑥ 파우더 타입(powder type)

가벼운 컴팩트 파운데이션으로 피부를 쉽게 커버해주면서 사용감이 부드럽고 휴대하기 편리하며 스피드한 메이크업시 많이 사용한다.

분말 고형 파운데이션으로 피부보호기능과 함께 피복력이 높고, 피부색 조절능력이 좋으며, 얼굴의 기미, 주근깨 등 잡티 커버는 물론 거친 피부, 메마른 피부 등을 커버한다. 결합제보다 오일의 트리트먼트 기능을 부가하였으며, 보습성, 자외선차단기능, 메이크업의 간편성이 강조된 타입으로 주요 원료로 체질안료인 탈크(talc), 마이카(mica), 세리싸이트(sericite), 각종폴리머분체(PMMA, nylon powder), 자연폴리머분체(마파우더, 실크파우더)와 적, 황, 흑의 산화철(Iron oxides), 백색안료(TiO_2 , ZnO)등이 사용된 고형상의 압축형 파운데이션이다.

주로 사용감이 부드럽고 오랫동안 화장을 지속시켜주는 장점이 있고, 특히 파우더리 성분이 함유되어있어 피부를 더욱 보송보송하게 표현해주므로 지성피부에 좋다.

⑦ 투웨이 케이크타입(two-way cake type)

자외선 차단제가 포함되어 있어 주로 자외선이 강한 봄, 여름철에 많이 사용되며 매트한 타입으로 휴대하기 간편하다. 체질안료 및 색소를 표면처리 함으로서 물에 적신 퍼프(puff) 또는 마른퍼프 둘 다 사용할 수 있는 고형상의 파우더파운데이션이다. 즉, 파운데이션 기능과 파우더의 기능 두 가지를 가지고 있어서 두 가지 기능이란 영어의 투웨이(Two Way)와 케익(cake)형태의 파운데이션이란 의미로 투웨이케익이라 한다.

발수성과 내수성을 갖는 반응성 실리콘안료를 표면에 코팅하여 수성 안료로 바꾸고, 결합제도 내수성이 있는 것을 사용하여 내수성을 향상시켰으며, 압축형의 파우더파운데이션과 동일한 효과가 있다.

1976년 일본 미쯔오시사가 내수성이 강한 실리콘 오일의 안료 표면처리를 상업적으로 성공해서 자외선 차단기능을 가지며 땀으로부터의 번짐을 줄여주어 여름철용으로 소개되었으나, 현재는 계절에 상관없이 사용되고, 최근에는 코팅기술의 발달로 인한 코팅파우더 등으로 피부에 트리트먼트 효과를 주고 있다.

물에 적신 퍼프로 사용하면 청량감을 갖기도 하지만, 두꺼운 피부표현의 우려가 있다.

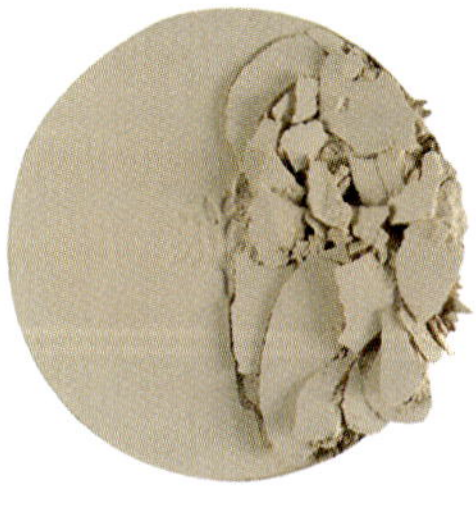

⑧ 팬 케이크 타입(pan-cake type)

방수성과 내수성, 지속력이 대단히 우수하여 장시간 흐트러짐이 없는 전문제품이다.

케이크형 파운데이션은 투웨이케이크 성분에 주성분으로 유화제를 첨가한 유분이 적은 분체형으로 피부아름다움의 강약을 컨트롤해주고 촉촉함은 물론 스킨커버의 기능을 강화해주는 고형상 파운데이션이다.

이 타입은 젖은 퍼프만 사용함으로 습기가 많은 여름에 끈적이지 않는 산뜻함을 주며, 얼굴에 쉽게 퍼지고 도포후 수분의 증발로 청량감을 느낄 수 있다. 수분의 양을 직접 조절하여 사용할 수 있다.

⑨ 스프레이 타입(Spray type)

스프레이처럼 피부에 분사하여 투명하고 윤기있는 피부표현 효과를 보는 파운데이션 형태이다. S사의 파운데이션은 미세한 파운데이션 입자를 양이온화시켜 피부에 분사했을 때 피부에 있는 음이온을 찾아 마치 자석처럼 끌려가서 밀착되는 이온화 테크놀로지 방식으로 제작되었다. 이러한 제품은 립스틱과 마스카라를 제외한 포인트 메이크업을 한 후 피부에 파운데이션을 분사하여 깨끗하고 윤기있는 피부표현을 가능하게 해주는 장점이 있다.

(4) 파운데이션 도구

① 라텍스스펀지

파운데이션의 유분기를 흡수하여 피부에 밀착력과 커버력을 높일 수 있으며 스피드한 메이크업을 할 수 있다. 가볍게 펴주거나 두드리면서 피부에 밀착되어 잡티가 많은 피부에 사용하기 적당하다. 천연 생고무로 제조되었으며 파운데이션 도구 중 가장 많이 사용하는 것으로 스펀지 자체에 힘이 있고 곡면 처리에 유리한 형태가 사용하기에 적절하다.

② 합성스펀지

석유화학에서 얻는 합성고무로 탄력이 있어 형태보존이 우수하나 유분의 흡수력이 떨어져 피부표현에 있어서 밀착력이 떨어지는 단점이 있다.

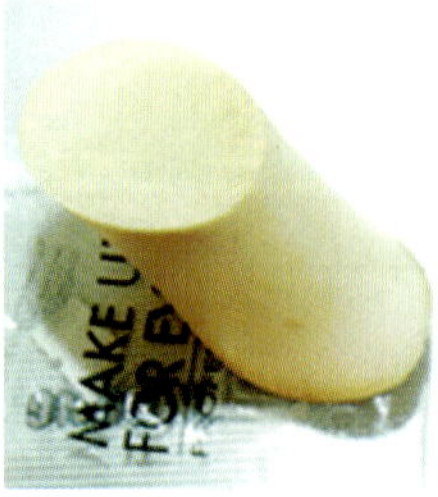

③ 진동스펀지

패팅을 여러회 반복해야 하는 번거러움을 덜어주기는 하지만 곡면이 심한 부분이나 구석진 부분의 접근이 어렵다는 점이 불편하다.

④ 브러시

건성피부에 사용하거나 자연스러운 피부표현을 위해 엷게 펴 바르는데 적절한 도구이다. 붓에 너무 많은 양의 파운데이션을 덜었을 때는 뭉칠 수 있다는 단점이 있으니 주의를 필요로 한다.

4) 파우더 바르기

(1) 사용 목적

① 파운데이션 화장 후 번들거림을 방지하며, 메이크업 상태를 유지시켜 준다.
② 난반사 효과를 지니므로 입체감을 표현할 수 있으며 자외선으로부터 피부를 보호해 준다.
③ 자연스럽고 화사한 피부색을 표현한다.

(2) 역할

베이스 메이크업의 마지막 단계로 파운데이션으로 만든 피부색을 고정시켜주며 지속력을 높일 뿐 아니라 피부에 화사함과 투명함을 더해준다(파우더는 지나치게 많이 사용하면 피부가 건조해지고 잔주름이 생기기 쉬우므로 적정량을 사용하는 것이 중요하다).

메이크업을 매트하게 마무리해 아기피부처럼 보송보송하고 부드러운 피부결을 만들어주어 포인트 메이크업이 피부에 뭉침없이 잘 표현 되도록 한다. 또한 피지로 인한 번들거림을 방지하고 하루종일 산뜻하게 보이도록 상태를 유지시켜 준다.

(3) 사용방법

① 파우더를 퍼프에 묻힌 다음 반으로 접어 비벼준 후 얼굴바깥에서 안쪽으로 누르듯 발라준다. 이 때 퍼프에 파우더가 많이 묻어있으면 얼룩이 생기므로 주의한다.
② 화장이 들뜨거나 피지가 번들거릴 때 바로 파우더를 바르면 얼룩이 질 수 있으므로 티슈나 기름종이로 가볍게 피지를 눌러주어 제거한 다음 파우더를 누르듯 발라준다.
③ 바를 때는 우선 넓은 면에서 좁은 면으로 얼굴 바깥쪽에서 안쪽으로 발라주는데 볼, 이마, 턱 부분을 가볍게 두드려주듯이 발라준다. 눈꺼풀과 입 주변, 콧망울 등은 퍼프를 반으로 접어

섬세하게 발라주면 깔끔한 마무리를 할 수 있다.

④ 브러시를 사용하여 바를 때 적당량을 브러시에 취하여 피부 위에 둥글리듯이 부드럽게 도포하면 보송보송한 블루밍효과를 최대로 표현할 수 있다. 이때 파우더를 너무 많이 바르면 자연스러움 이 감소할 수 있으므로 주의하도록 한다.

(4) 색상별 분류

① 투명 파우더(transparent powder)

파우더 자체의 색이 거의 없어 파운데이션의 색상이 그대로 표현되므로 분장들에서 유분기 제거 목적으로 많이 사용된다.

② 그린 파우더(green powder)

붉은기가 많은 얼굴에 사용되며 붉은색을 중화시켜 보인다.

③ 핑크 파우더/바이올렛 파우더 (pink powder/violet powder)

창백한 피부색에 혈색을 부여하고자 할 때 사용한다.
신부, 파티 메이크업에 사용하면 효과적이다.

④ 베이지 파우더(beige powder)

브라운 톤 메이크업을 할 때, 또한 따뜻한 피부 표현에 사용된다.

⑤ 선브론즈 파우더(sunbronz powder)

선탠(suntan) 메이크업시 다갈색의 건강한 피부 표현에 사용된다.

⑥ 펄 파우더(pearl powder)

펄(pearl)을 함유하고 있어 화사하고 화려한 무대 연출 효과를 얻을 수 있다.

(5) 형태별 분류

① 프레스 타입(press type)

파운데이션을 고형 압축한 형태로 휴대하기 간편하고, 피부 톤을 자연스럽게 보정할 수 있어 메이크업을 한 듯, 안 한 듯 한 청순한 매력을 표현하기에 제격이다. 붓을 사용하는 것이 자연스러우며, 많이 덧바르면 건조해 보인다.

② 콤팩트 타입(compact type)

수분이 함유되어 있어서 건조한 피부에 좋으며, 자연스럽고 매끄러운 마무리 감을 준다.

분말상태의 페이스파우더에 소량의 결합제(binding agent)를 사용하여, 스틱 또는 케이크 형태로 성형한 고형상의 파우더로 피부 표면은 약간 두터운 무게감을 보인다. 퍼프나 솔로 간편하게 사용하며, 가루날림이 적고 휴대가 간편하지만, 첨가한 유분 때문에 피지조절능력은 떨어져 뭉침이나 밀림이 있을 수 있다.

③ 루스파우더 타입(loose powder type)

가루분으로 화사하고 섬세한 피부 표현이 가능하고, 분말 타입이어서 얇고 가볍게 발려 투명하고 화사한 피부표현에 적합하나 휴대하기 불편하다.

미세한 분말형태 제품으로 가볍게 유분기를 잡고 싶을 때 사용하기 좋고, 분첩이나 브러시로 도포하여 보송보송한 표현을 갖지만 메이크업의 지속력은 약하다. 부드러운 감촉의 전연성을 위하여 탈크(talc)를 주성분으로 하고, 탄산칼슘 등을 첨가하여 피부색 또는 피부결점을 가려주는 피복 및 커버력을 향상시킨다. 얼굴에 부착될 수 있는 부착력을 위해 주로 아연마그네슘, 스테아르산염을 첨가하고, 얼굴의 피지나 수분, 땀 등을 흡수하여 번들거림을 방지할 수 있는 흡수성과 탄산칼슘의 자연스런 마무리 효과인 블루밍(Blooming)효과를 위해서는 탄산마그네슘과 카올린성분을 첨가한다.

④ 트윈케익 타입(twin cake type)

파운데이션과 파우더의 기능을 합친 제품으로 가벼우면서도 밀착력과 커버력이 우수해 빠르고 간편한 메이크업에 적합하다. 퍼프를 차가운 물에 적셔서 사용하면 청량감이 오래가면서 시간이 지나도 번들거림이 적어 특히 유분기가 많은 피부에 사용하면 좋다.

⑤ 펄 파우더(pearl powder)

펄 안료의 기본적인 중요한 성질은 투명한 판상결정으로 굴절률이 크다는 점이다. 안료에 의한 착색은 판상의 결정입자가 피착색물에 평행으로 배열로 이루어지고 광택은 안료미립자에 의한 빛의 흡수 및 산란현상을 이용한 것으로 빛을 반사해서 반사광이 간섭을 일으켜 주 광택을 준다. 또한 펄 안료의 코팅 층의 두께에 따라 빛의 파장에 변화가 일어나 여러 가지 간섭색을 얻을 수 있다. 티타늄디옥사이드(TiO_2)로 코팅된 투명 합성판상크리스탈(transparent synthetic lamella crystal)은 밝은 다이아몬드 실버빛 효과를 주는 기본재료로 코팅두께를 다양하게 조절하여 골드, 레드, 퍼플, 블루, 그린 등의 다양한 간섭색을 만든다. 또한 화이트베이스컬러와 함께 빛의 다른 각도에 따라 두 가지 이상의 다른 컬러효과를 만든다. 보통 15㎛부터 60㎛ 이상의 다양한 펄 안료의 크기에 따라 빛의 밝기가 달라 원료명을 표현할 때 새틴(satin), 러스터(luster), 브라이트(bright), 글리터(glitter) 등으로 차별화를 두며 펄의 사이즈가 클수록 빛의 반짝임이 커진다. 펄의 색상은 원재료의 색상과 인공적인 방법에 의한 단일색상, 간섭색을 이용한 다양한 투과색상의 효과를 얻을 수 있다.

⑥ 구슬파우더

수분기를 너무 버석할 정도로 빼앗아 가지 않으면서 보송보송한 마무리를 보인다. 간혹 큰 펄이 보이기도 하는데 퍼프질 하는 동안에 날아가 버리고 섬세한 펄만이 남아서 피부결 자체가 은은하게 반짝인다. 파운데이션 후에 가볍게 두드려주면 화사하고 보송한 느낌을 배가시켜준다.

(6) 파우더 도구

① 붓타입(brush type)

붓 끝이 피부를 자극하지 않도록 측면을 사용하는 것이 중요하고 붓에 파우더를 적당량 덜은 후 가볍게 털어내고 피부결을 따라 펴준다.

② 퍼프타입(puff type)

메이크업을 할 때 분가루를 찍어 바르는 도구로 면 소재로 한 퍼프나 벨벳 천의 퍼프, 퍼 타입의 퍼프가 있는데 가장 많이 사용하는 것은 면 퍼프이다. 적당량을 퍼프에 골고루 묻힌 후 얼굴 바깥 방향을 향해 가볍게 눌러준다. 얼굴에 남은 여분의 가루는 팬 붓으로 털어준다.

붓타입

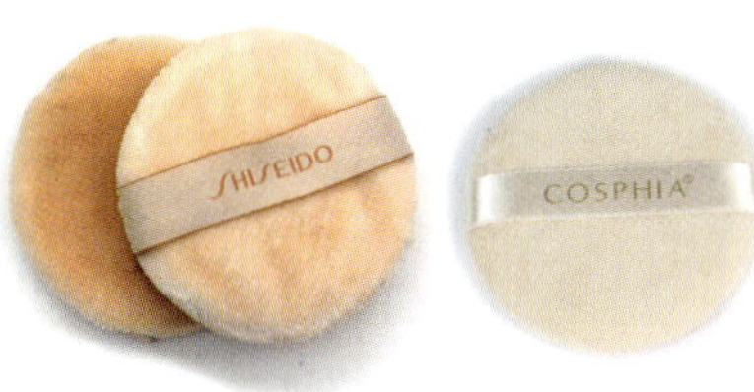

퍼프타입

(7) 피부타입에 따른 파우더 선택

① 여드름 없는 지성피부

루스 파우더를 전체적으로 발라준 후 콤펙트 파우더로 유분기가 많은 부분에는 한 번 더 눌러주듯이 발라준다. 이때 라텍스 스펀지로 파우더를 발라주어도 메이크업이 오래 지속된다.

② 각질이 많은 지성피부

각질이 모두 가라앉을 때까지 파운데이션을 충분히 두드려준 다음 파우더를 발라준다. 파우더로 인해 안보이던 각질이 다시 생길 수 있으므로 꼼꼼하게 바르고 너무 매트한 파우더는 피하는 것이 좋다.

③ 여드름이 많이 나는 지성피부

번들거리거나 반짝이는 펄이 들어간 파우더는 피하는 것이 좋다. 차분한 느낌이 들도록 피부색과 가장 가까운 루스파우더를 선택해 꼼꼼하게 피부 전체를 정돈해준다.

④ 각질이 많은 건성피부

루스파우더를 이용해 눌러주듯이 꼼꼼하게 발라준다. 각질이 심한 경우에는 라텍스 스폰지를 사용하여 이마, 콧망울, 볼 부위 등을 꼭꼭 눌러주듯이 발라 각질이 생기지 않도록 해준다.

⑤ 모공이 넓어 보이는 피부

모공이 넓은 부위를 중심으로 라텍스 스펀지에 파우더를 묻혀 섬세하게 메워주듯이 두드려준다. 얼룩이 생기거나 빠트리는 곳 없이 발라주는 것이 중요하다.

3. 아이 메이크업 하기

1) 아이섀도우(eye shadow)

아이 메이크업의 목적은 눈매를 또렷하게 하는 것으로, 아이섀도우는 눈매에 음영을 만들고 입체감을 주어 눈을 아름답게 표현해준다. 다양한 색상을 사용하여 표현하고자 하는 주제에 맞게 연출하며 여러 가지 눈의 형태에 어울리는 테크닉을 익히도록 한다.

(1) 아이메이크업의 부위에 따른 명칭

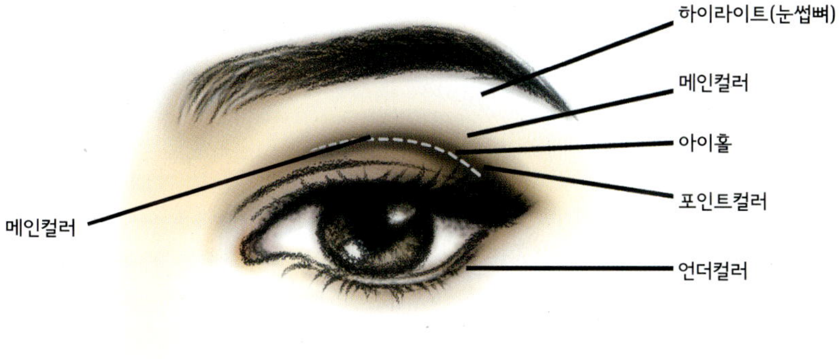

그림 5-10 **아이메이크업의 부위에 따른 명칭**

① 베이스 컬러

화이트, 아이보리, 연한 브라운 등의 포인트 섀도우의 컬러를 돋보이게 할 수 있는 언더 컬러로, 속눈썹 라인에서 눈썹 뼈가 있는 아이홀 윗부분까지 넓고 고르게 바르는 색상이다.

② 메인 컬러

눈 두덩에 바르는 중간톤의 섀도우로 아이 메이크업의 컬러 컨셉을 표현한다. 속눈썹 라인에서 눈 위쪽으로 눈꺼풀의 3분의 1 또는 4분의 3정도까지 그라데이션 한다.

③ 포인트 컬러

눈매를 매력적으로 연출하기 위한 진한 컬러로 깊이감을 주기위해 사용하며 표현 부위에 따라 다양한 이미지를 연출 할 수 있다.

④ 하이라이트

입체감을 위해 사용하는 컬러로 브로우 본(brow bone), 눈두덩 중앙, 눈 앞머리 등에 사용한다. 화이트 등의 명도가 높은 색상이나 쉬머 또는 글리터링한 질감이 사용된다.

⑤ 언더컬러

언더 래쉬 부분에 표현하며 전체적인 조화를 이루하게 한다. 기본적으로 눈두덩에 사용되었던 컬러를 사용하기도 하며 눈의 모양에 따라 언더컬러의 그라데이션 부위나 색상을 다양하게 연출할 수 있다.

(2) 아이섀도의 종류

① 케익 타입(cake type)

일반적으로 사용하는 타입으로 색상이 다양하며 혼합과 그라데이션이 용이하다. 질감에 따라 매트(matt), 프로스트(frost), 글리터(glitter), 새틴(satin)등의 종류가 있다.

② 스타파우더(star power)

펄 파우더로 광택감과 화려한 컬러 연출을 할 수 있다. 케익 타입 섀도 또는 크림 타입 섀도 위에 덧바르면 발색력이 더욱 높아진다.

③ 크림타입(cream type)

발림성과 밀착력이 좋으며 자연스러운 반짝임과 색감을 표현할 수 있다. 단독으로 사용하면 쉽게 뭉치거나 지워지므로 파우더 타입의 섀도우와 함께 사용하면 좋다. 눈 주변에 유분이 많아 쌍꺼풀 라인에 섀도가 끼는 현상이 일어날 때는 파운데이션을 아주 소량 바르고 컴팩트 파우더를 섀도 브러시에 묻혀 눈두덩에 펴 바르면 도움이 된다.

④ 펜슬타입(pencil type)

간편하게 사용이 가능하며 색감표현이 뛰어나다. 경도에 따라 경도가 높은 펜슬은 선적인 느낌의 표현이 가능하고 경도가 낮은 펜슬은 블렌딩도 가능하다. 워터프루프 타입의 펜슬 섀도우를 사용하면 지속력도 높일 수 있다.

⑤ 피그먼트(pigment)

발색력이 우수하고 메탈릭한 광택감을 표현하기 용이하다.

(3) 아이섀도우 브러시

① 아이섀도우 포인트 브러시

탄력이 좋고 부드러우며 짧고 평편한 팁 형태의 브러시로 포인트를 주고 싶은 색상을 작은 면적에 표현할 때 사용한다. 정교한 아이

메이크업 표현에 용이하며 아이섀도, 젤 라이너를 이용한 아이라인 표현에도 효과적이다.

② 아이섀도우 메인 브러시

베이스보다 좁은 면적에 아이섀도우를 펴 바르거나 블렌딩하는 데 사용하므로 중간정도의 크기의 붓을 사용한다.

③ 아이섀도우 블렌딩 브러시

섬세하고 촘촘한 타원형의 브러시로 파우더, 크림 타입의 아이섀도우를 자연스럽게 쉐이딩하거나 블렌딩 할 때 사용한다.

④ 아이섀도우 펜슬 브러시

부드러운 펜슬 형태의 브러시로 눈에 정교한 쉐이딩을 하거나 속눈썹 라인을 따라 눈매를 강조할 때 효과적인 브러시이다.

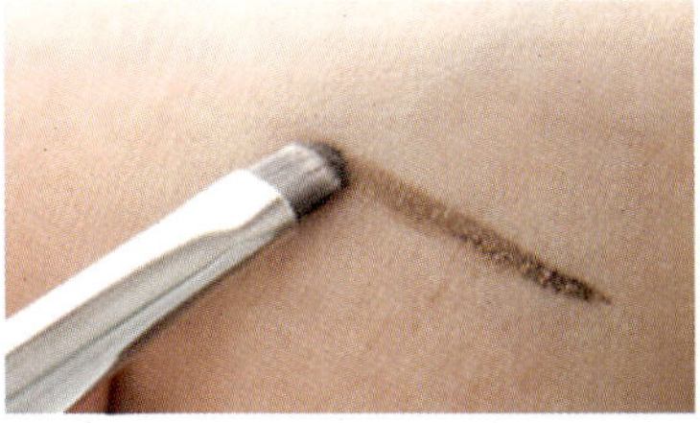

포인트브러시

메인브러시

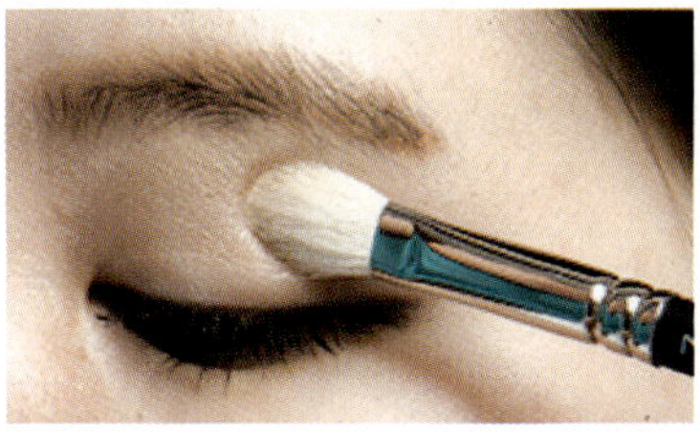

블렌딩브러시

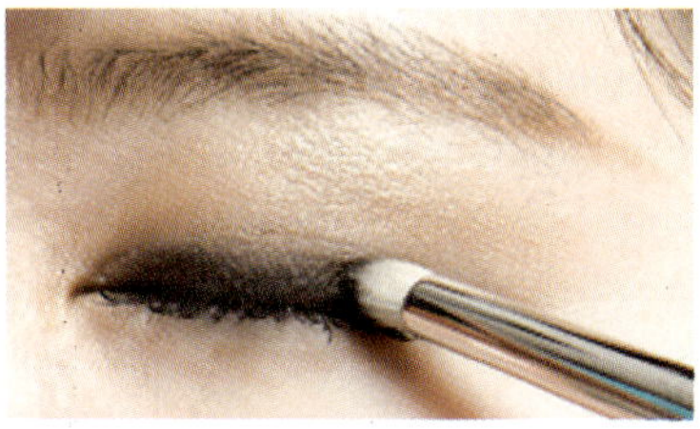

펜슬브러시

그림 5-11 **아이섀도우 브러시**

(4) 아이섀도우 컬러

표 5-2 **아이섀도우 컬러**

브라운 계열 (brown)		자연스럽고 차분한 이미지 입체감을 줄 때 사용한다
그레이 계열 (gray)		모던하고 쉬크한 이미지 스모키 메이크업이나 흑백 메이크업에 사용한다
핑크계열 (pink)		사랑스럽고 여성스러운 이미지 흰 피부에 잘 어울린다.
바이올렛 계열 (violet)		우아하고 성숙한 이미지 화려함을 준다.
블루 계열 (blue)		시원함을 주며 여름에 많이 사용된다 딥한 톤은 도시적이며 차가운 이미지
그린계열 (green)		라이트한 톤은 발랄, 젊은 이미지 딥한 톤은 노블하며 댄디한 이미지

(5) 아이 섀도우 표현 기법

표 5-3 **아이섀도우 표현 기법**

	전제적인 브로우의 쉐입정리와 아이 섀도우의 발색을 위해 컨실러를 이용하여 전제적으로 정리를 해준다

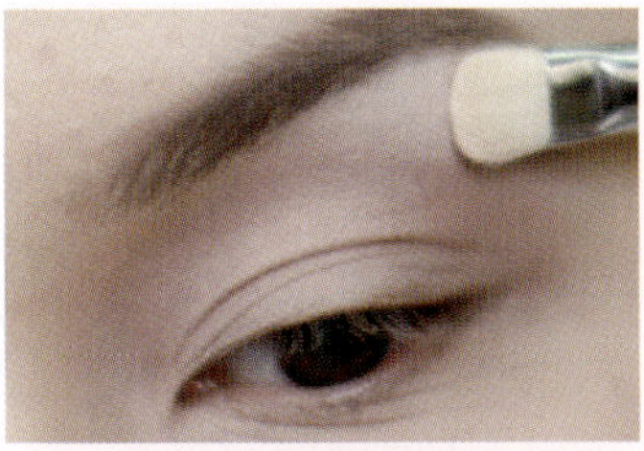

하이라이트 컬러 섀도우를 브로우 본 부분에 자연스럽게 그라데이션 한다.

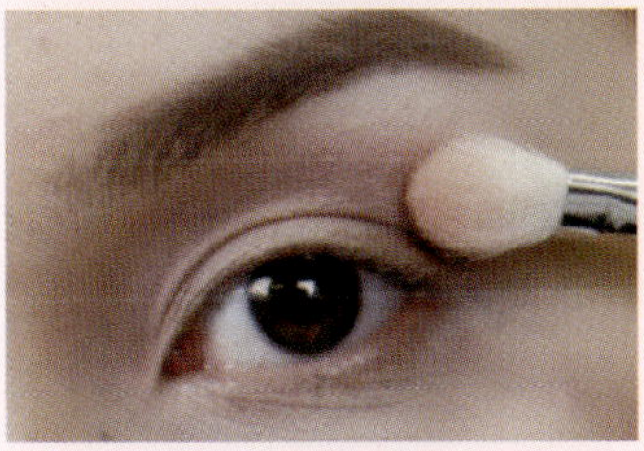

베이스 브러시 또는 블렌딩 브러시를 이용하여 펄감이 없는 베이스 컬러 섀도우를 브로우 본을 제외한 눈두덩에 고르게 펴바른다.

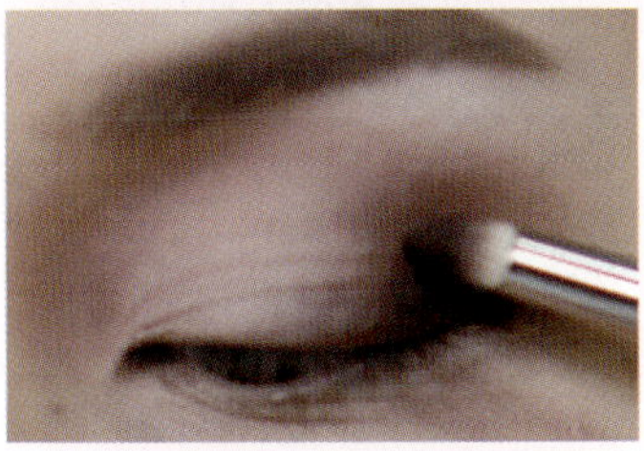

포인트 컬러 섀도우를 눈꼬리에서 시작하여 아이홀 방향과 아이라인 부분으로 자연스럽게 그라데이션 하여 깊이감을 준다.

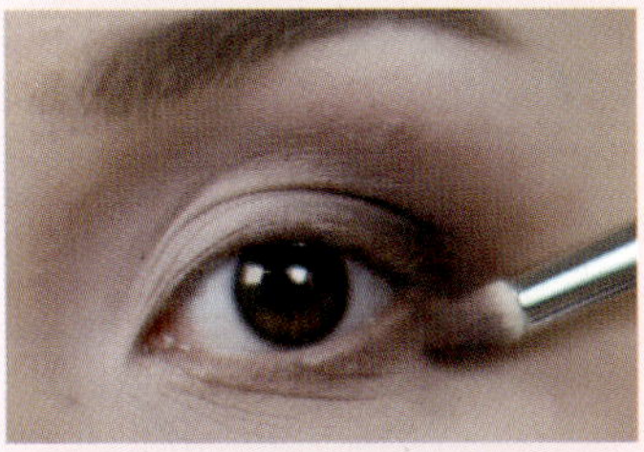

포인트 컬러 섀도우를 눈꼬리 부분의 아래에도 그라데이션 한다.

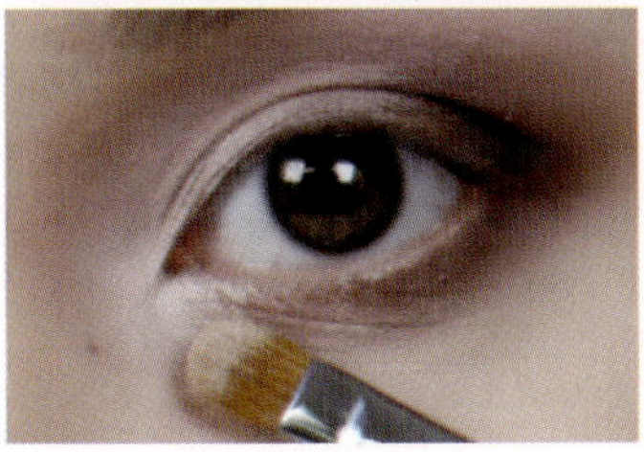

하이라이트 컬러 섀도우를 이용하여 눈앞머리 코너 부분, 눈두덩 중앙, 브로우 본 등
음영을 주고자 하는 부분에 브러시를 굴려 그라데이션 한다.

✔ 아이 섀도 사용 시 주의사항

① 한꺼번에 많은 양의 섀도를 묻혀 시작하지 않는다. 만일 양이 많을 경우에는 손등이나 티슈에 조절한 후 사용한다.
② 여러 번 반복하여 조금씩 색을 펴준다. 한번에 많은 양의 섀도를 사용하면 뭉치기 쉽다.
③ 그라데이션을 할 때 얼룩이 생기거나 뭉치지 않도록 손목에 힘을 주지 않고 작업한다.
④ 섀도 가루가 눈 밑에 흐르지 않도록 팬 브러시로 묻은 가루를 털어 내거나, 브러시를 톡톡 쳐주거나 눈 밑에 여분의 투명 파우더를 묻혀 아이섀도 가루가 피부에 얼룩을 만들지 않도록 주의한다. 눈 밑에 파우더를 바르는 것은 유분이나 끈적임을 없애주어 아이섀도나 마스카라가 떨어져도 얼룩이 생기는 것을 막아 주고 메이크업이 끝났을 때 하이라이트 효과를 줄 수 있다.

(6) 포인트에 따른 이미지

① 눈 앞머리 포인트

눈 사이가 먼 경우와 눈 꼬리가 올라간 경우에 효과적이다. 눈 앞머리 쪽에 진한 섀도우로 음영을 주면 서구적인 이미지가 연출된다.

② 눈 중앙 포인트

눈두덩 가운데에 포인트를 주는 방법으로 눈이 둥글게 보여 눈매가 날카로운 경우 인상을 보완할 수 있다. 하이라이트를 컬러로 포인트를 주면 입체감 있는 아이 메이크업이 된다.

③ 눈 꼬리 포인트

눈 꼬리 부분에 포인트를 주는 방법으로 눈매에 따라 다양한 연출이 가능하며 눈매가 처진 경우 눈 꼬리를 끌어올리듯이 그라데이션 하면 세련된 눈매로 교정이 된다. 눈꼬리를 감싸듯이 부드럽게 그라데이션 하면 깊이감 있는 온화한 눈매 연출이 된다.

④ 수평 그라데이션 포인트

아이라인부터 수평으로 아이홀까지 그라데이션 하는 방법으로 일반적으로 많이 사용하는 패턴이며 돌출형 눈매에 효과적이다.

⑤ 바깥쪽 아이홀 포인트

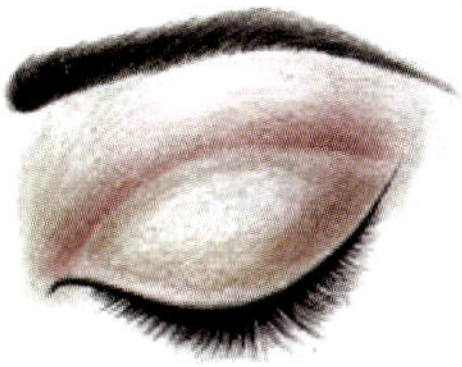

아이홀의 바깥 방향으로 그라데이션 하는 방법으로 아이홀 안쪽은 밝은 컬러를 사용하여 입체감을 강조한다. 입체감이 강조되고 눈이 커 보이는 효과가 있어 무대 메이크업에서 주로 사용된다.

(7) 눈 형태에 따른 아이섀도우 수정 기법

표 5-4 눈 형태에 따른 아이섀도우 수정 기법

아이섀도우	형태	일러스트
쌍꺼풀이 없는 눈	쌍꺼풀 두께만큼 포인트 컬러를 표현한다. 열린 바나나 패턴으로 아이홀 쪽을 향하여 그라데이션한다.	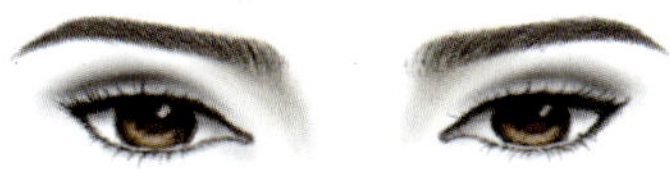
눈이 움푹 들어간 경우	따뜻한 색상의 아이섀도나 밝은 색으로 눈두덩이를 펴준 다음 펄이 들어있거나 광택이 있는 아이섀도로 깨끗하게 펴준다.	
눈이 작은 경우	눈이 커보이도록 아이섀도의 포인트를 크게 잡고 아이라인도 비교적 두껍게 바른다.	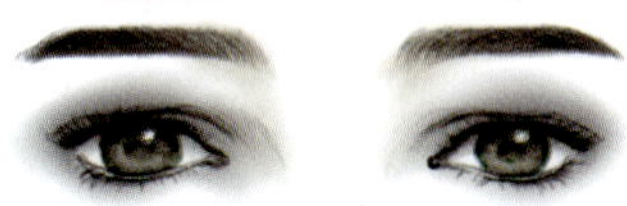
눈이 부어있는 경우	붉은 계열의 아이섀도나 광택이 들어있는 아이섀도는 피하고 딥(Deep) 한 겨자색이나 중간 톤의 브라운 계열로 눈 전체를 자연스럽게 펴 바른다.	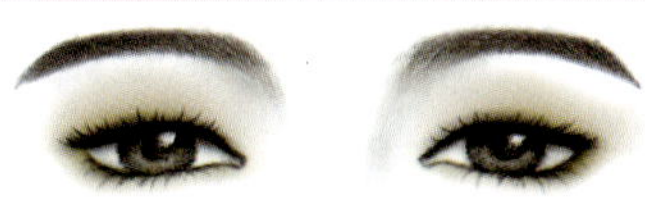
눈이 큰 경우	아이라인을 속눈섭에 가늘고 가깝게 그려준다. 아이섀도는 자연스러운 색으로 포인트를 약하게 발라준다.	
눈과 눈 사이가 좁은 경우	눈 앞머리는 밝게, 눈꼬리 부분은 포인트를 넣어준다.	
눈과 눈 사이가 넓은 경우	눈 앞머리 부분에 포인트를 주어 눈 간격이 넓어 보이지 않도록 한다.	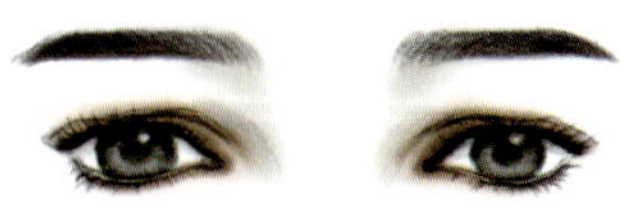
눈꼬리가 내려간 경우	아이라인을 본래 눈고리에서 약간 올라가게 그리고 눈꼬리에 포인트를 넣어준다.	
눈꼬리가 올라간 경우	아이라인을 본래의 눈꼬리에서 약간 내려그리고 아이홀 앞쪽으로 부드러운 포인트를 준다. 눈꼬리에 언더섀도를 넣어준다.	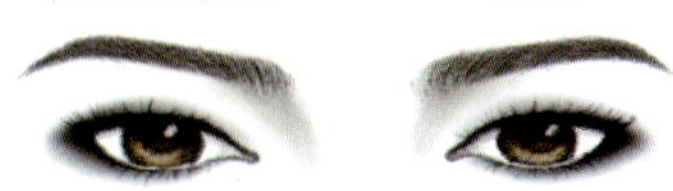

2) 아이라인

아이라인은 눈매를 선명하고 또렷하게 만들어 주며 눈의 모양을 교정하는 중요한 역할을 한다.

(1) 아이라이너 제품 종류

① 케익 타입(cake type)

물의 양에 따라 농도를 조절할 수 있는 아이라이너이다. 발색효과가 풍부한 색소 파우더를 지녔기 때문에 다른 컬러와 쉽게 혼합할 수 있고, 물을 섞어 더욱 정교한 아이라인을 연출할 수 있는 점이 장점이다. 다른 타입보다 가벼운 포뮬러로 만들어 뭉침 없이 매끄럽고 부드럽게 연출되며 깊이 있는 눈매를 연출하는 데 좋지만, 물을 묻혀 사용하는 타입이니만큼 번지는 현상에 주의하여 사용해야 한다.

② 젤 타입(gel type)

리퀴드와 펜슬의 중간 느낌을 표현하기에 적합하며 자연스러운 발색과 동시에 선명하다. 깔끔한 라인을 표현할 수 있고 잘 번지지 않으며 양에 따라 농도 조절도 가능하며 단독 혹은 섞어서 다양한 느낌과 텍스처로 연출할 수 있다. 브러시의 양 옆면에 젤을 묻히고 메이크업을 하기 전에 티슈에 묻혀 여분의 양을 닦아낸 후 아이라인을 따라 속눈썹 사이를 메우듯 점을 찍어 나가면 깔끔한 라인을 그릴 수 있다.

③ 리퀴드 타입(liquid type)

색상 그대로의 선명한 발색력과 번짐 현상 없이 지속력이 우수하다. 눈 꼬리 까지 또렷한 라인을 그릴 수 있고 섬세한 팁의 붓 타입을 이용하면 보다 쉽고 스피디하게 라인을 연출할 수 있다. 리퀴드 타입의 글리터 아이라이너는 반짝이는 효과가 우수하며 일반 색상의 아이라이너로 눈매를 그린 후 덧바르면 화려한 아이 메이크업이 연출되고 눈 앞머리나 언더라인에 사용하면 반짝이는 눈물 효과를 준다.

④ 펜슬 타입(pencil type)

펜슬 타입은 사용하기 쉽고 자연스러운 발색은 물론 수정이 용이하다. 경계선을 살짝 문질러 번지듯이 연출하면 자연스러운 아이라인 연출을 할 수 있다. 최근 출시된 컬러 아이라이너 펜슬은 아이라이너와 아이섀도우 겸용으로, 용도에 따라 자유자재로 연출이 가능하다. 아이라이너 효과를 위해서는 속눈썹 라인을 따라 짧게 연속적으로 그리고 섀도우 효과를 위해서는 위 눈꺼풀에 펜슬로 라인을 그린 후 라텍스 팁이나 브러시를 이용해 부드럽게 펴 바른다. 펜슬 타입은 유분이 있기 때문에 번짐 방지를 위해 눈두덩에 파우더 처리를 하는 것이 중요하다. 이때 너무 밝은 컬러를 사용하면 부어 보일 수 있으니 베이지 톤이나 산호 컬러가 살짝 들어간 파우더 타입의 섀도와 믹스해 사용하면 효과적이다.

(2) 펜슬 타입 아이라이너 표현 기법

표 5-5 펜슬 타입 아이라이너 표현 기법

	눈두덩 전체에 베이스컬러 섀도를 바른다.
	엄지손가락으로 눈꺼풀을 올려 아이라인 끝 부분부터 라인을 그린다.
	아이라인의 앞 부분까지 속눈썹 사이를 메우듯이 아이라인을 그린다.
	짙은 갈색 아이섀도를 아이라인에 덧발라 그러데이션 하며 눈꼬리 라인을 자연스럽게 정리해 준다.

(3) 젤 타입 아이라이너 표현 기법

표 5-6 젤 타입 아이라이너 표현 기법

	브러시를 이용해 눈꼬리로 갈수록 서서히 손목의 힘을 빼고 브러시를 들어 라인을 그려준다. 이때 쌍꺼풀 라인과 아이라인이 닿지 않도록 주의한다.
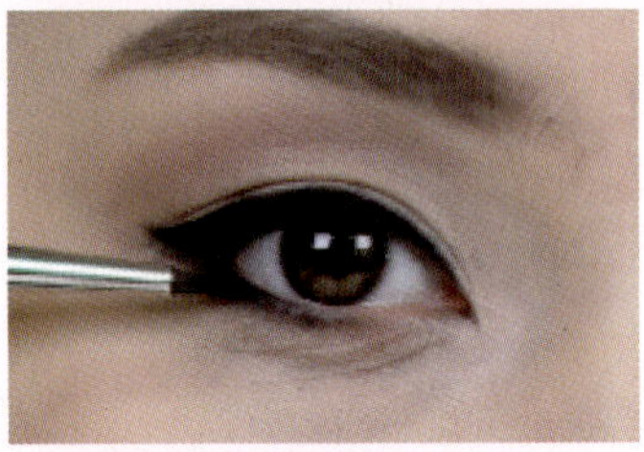	젤 아이라이너로 눈 밑 점막을 따라 눈의 3분의1 지점까지 아이라인을 자연스럽게 그라데이션 한다.
	언더라인을 따라 포인트 컬러 또는 컨셉에 맞는 아이섀도우를 브러시를 세워 그라데이션 한다.

(4) 눈의 형태에 따른 아이라이너 연출 기법

① 쌍꺼풀이 없고 눈두덩에 살이 많은 눈

눈을 떴을 때 보일 수 있도록 라인을 두껍게 그리고 라인의 꼬리는 날렵하게 올려준다.

ⓐ 젤 라이너를 이용해 눈을 뜬 상태에서 라인을 그릴 점선과 꼬리점을 찍는다. 눈꼬리점은 눈동자 윗선에 맞춘다.

ⓑ 점선을 자연스럽게 연결하여 그린 라인 안쪽을 젤 라이너로 점막까지 꼼꼼하게 채워 넣는다.

ⓒ 눈 꼬리에서 라인 끝점까지 선을 연결해 꼬리를 만들고 아이라인과 점을 연결한다.

② 쌍꺼풀 눈

또렷한 눈에 진하고 두꺼운 라인은 부담스러울 수 있으므로 자연스러운 컬러감을 줄 수 있는 펜슬이나 섀도를 이용해 라인을 얇게 그린다.

ⓐ 아이라인을 따라 속눈썹 사이를 메우듯 라인을 그린다.

ⓑ 면봉이나 브러시를 이용하여 라인을 그라데이션 한다.

ⓒ 눈동자 아래의 점막에만 라인을 그려 눈동자가 또렷하게 보이도록 한다.

③ 올라간 눈

올라간 눈을 커버하기 위해 블랙보다는 브라운 컬러의 펜슬 라이너를 이용해 그라데이션하여 부드러운 눈매를 연출한다. 눈꼬리 부분의 삼각존을 잘 메우면 올라간 눈매를 보완할 수 있다.

ⓐ 메인 컬러 섀도우를 바른 후 브라운 펜슬로 쌍꺼풀 두께 만큼 라인을 그린다. 올라간 눈꼬리는 눈 앞머리와 비슷하게 내려준다.

ⓑ 브러시로 라인을 풀어주듯 문지르며 눈두덩에 넓게 그라데이션 한다.

ⓒ 확장시킨 라인과 언더라인을 자연스럽게 연결하면서 눈꼬리 부분의 삼각존을 채워 올라간 눈매를 보완 한다

④ 안으로 들어가는 속 쌍꺼풀

쌍꺼풀이 덮힌 부분은 점막만 채우고 쌍꺼풀이 보이는 부분은 라인을 뒤로 길게 그려 눈의 사이즈를 확장해준다.

ⓐ 리퀴드 아이라이너로 눈의 3분의 2지점까지는 점막을 따라 얇게 그린다.

ⓑ 눈꼬리 각도는 눈 앞머리보다 살짝 위로 그리거나 평행하게 그려준다.

ⓒ 볼륨 마스카라를 이용해 속눈썹의 컬링을 강조한다.

3) 마스카라

마스카라는 눈매를 또렷하게 하기 위해 속눈썹에 볼륨과 길이감을 더하는 역할을 한다. 안구 가까이에 사용 하는 메이크업 도구인 만큼 안정성이 높은 원료의 선택과 위생에 주의를 기울여야 한다.

(1) 마스카라의 종류

① 볼륨 마스카라(Volume Mascara)

속눈썹에 볼륨을 더해 숱이 많고 진해 보이도록 하는 효과가 있다. 촘촘하고 통통한 타입의 브러시로 속눈썹 사이사이에 마스카라 액을 채워 넣어 숱이 풍성해진다.

② 롱래쉬 마스카라(Longlash Mascara)

섬유소, 실리콘 혼합물 등이 속눈썹 끝에 붙어 짧은 속눈썹을 연장시켜주는 효과가 있다.

③ 컬링 마스카라(Curling Mascara)

부착력과 강도가 뛰어난 마스카라로 오랜 시간 컬을 유지시켜주는 효과가 있다

④ 컬러 마스카라(Color Mascara)

다양한 컬러의 마스카라로 블루, 바이올렛, 골드, 펄감이 있는 등 개성 있는 연출이 가능하다.

⑤ 워터프루프 마스카라(Waterproof Mascara)

땀과 수분에 지워지지 않고 지속력이 강하다. 눈 주위가 쉽게 번지는 사람이 사용하면 효과적이다.

⑥ 베이스 마스카라(Base Mascara)

마스카라를 바르기 전에 사용하는 것으로 밀착력을 높이고 속눈썹이 길어지는 효과가 있다.

(2) 마스카라 브러시 모양에 따른 효과

① 촘촘한 강모 브러시

속눈썹을 뿌리부터 가지런히 정돈해주고 강력한 길이가 길어지는 효과를 주는 브러시로 길이가 서로 다른 솔로 되어 있어 속눈썹을 길게 연장하면서 마스카라 액이 뭉치지 않도록 조절한다.

② 나선형 브러시

속눈썹의 꼬리 부분이나 아래 속눈썹에 바르기 쉽게 미세하고 작게 만들어진 브러시로 길이가 짧은 속눈썹도 마스카라 액을 정교하게 바를 수 있다.

③ 롤 브러시

완두콩만한 크기의 롤 형태에 짧은 솔이 달린 브러시로 어떤 각도에서나 바르기 편하고, 속눈썹을 한 올씩 정교하게 커버할 수 있어 가늘고 짧은 속눈썹에 사용하기 좋다

④ 원뿔형 브러시

위쪽 얇은 부분은 길이가 길어지는 효과를, 아래쪽 두꺼운 부분은 볼륨 효과를 더해주는 삼각형 브러시로 숱이 없거나 짧은 속눈썹에 효과적이다.

⑤ 스푼형 브러시

앞머리부터 꼬리까지 마스카라 액이 잘 발리기 때문에 컬링된 속눈썹을 연출할 수 있다

⑥ 땅콩형 브러시

쉽게 처지는 힘없는 속눈썹을 위한 탄력 있는 브러시로 길고 탄력 있는 속눈썹을 완성할 수 있다

⑦ 오버사이즈 브러시

브러시가 두툼하고 모 하나하나가 긴 마스카라는 풍성한 볼륨을 표현하는데 효과적이다. 속눈썹 한 올 한 올을 브러시의 기다란 모에 묻어 있는 마스카라 액으로 감싸기 때문에 전체적으로 풍성한 느낌을 낼 수 있다.

⑧ 스파이키 브러시

고무 소재에 빗 모양의 돌기가 브러시는 속눈썹에 강력한 컬링 효과를 준다. 속눈썹 뿌리 부분부터 빗처럼 빗어주기 때문에 속눈썹 뭉침 현상도 적다.

⑨ 나선형 브러시

속눈썹을 한 올 한 올 분리하는 동시에 마스카라 액을 충분히 발라 부채꼴 모양으로 연출해주는, 360도 회전하는 브러시이다.

⑩ 실리콘 브러시

길이가 짧고 숱이 많은 속눈썹에 적합한 형태로 속눈썹 한 올 한 올 자연스럽고 깨끗하게 발리는 것이 특징이다.

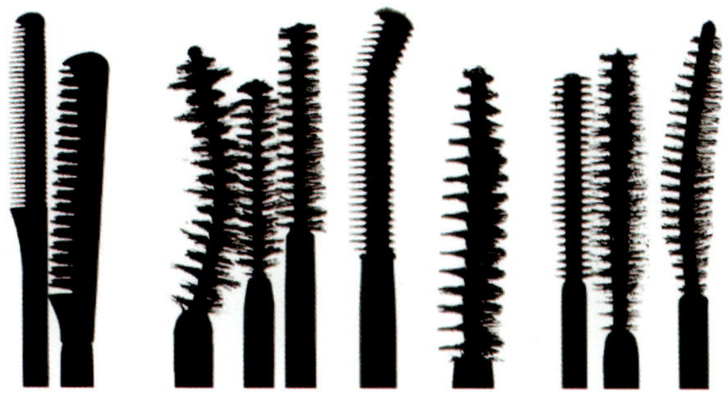

(①-⑩ 타입의 브러시)

(3) 마스카라 연출 기법

표 5-7 마스카라 연출 기법 순서

① 뷰러로 속눈썹의 컬을 만든다.
손의 힘을 빼고 전체적인 모양이 C자가 되도록 속눈썹 뿌리부터 여러 번 나누어 집어 올린다. 속눈썹 중앙, 안쪽, 바깥쪽 모두 꼼꼼하게 올린다. 마지막에 속눈썹 모근 부위를 한 번 더 집으면 컬링이 잘 된다.

② 모근에 마스카라를 바른다.
속눈썹 모근 부위에 마스카라를 바른 후 5초 정도 기다린다. 마스카라가 마른 후 다시 한 번 덧바른다. 이렇게 하면 컬링 효과를 높일 수 있다. 중앙, 눈앞머리, 눈 꼬리 순으로 바른다

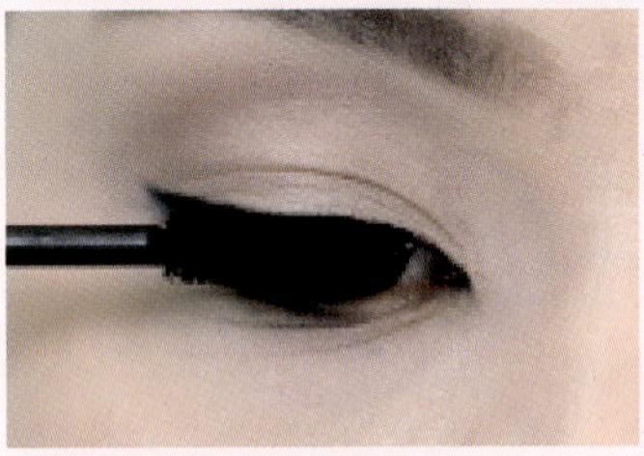

③ 마스카라를 전제적으로 바른다.
속눈썹을 꼼꼼하게 아래서 위로 마스카 라를 바른 후, 위에서 아래로 빗어 내리듯 다시 바른다. 마스카라를 돌리면서 바르면 뭉치지 않는다. 눈 꼬리 부위도 한 번 더 덧바른다

④ 아래 속눈썹을 바른다.
속눈썹을 다 바르고 난 뒤에 브러시에 남은 액만으로 아랫눈썹을 바른다. 번지기 쉬우므로 여러 번 덧바르지 않는다.

4) 인조 속눈썹(False Eyelashes)

눈매를 크고 또렷하게 만들고 눈썹이 풍성해 보이는 효과를 준다. 인조 속눈썹은 쌍꺼풀이 없거나 속눈썹이 짧은 경우 깊은 눈매를 만드는데 효과적이며 양 눈의 쌍꺼풀 라인이 다른 경우 등의 수정 및 보완을 위한 도구로도 활용된다. 때와 장소에 따라 적절한 모양의 속눈썹을 선택하여 자연스러운 분위기를 연출할 수 있다.

(1) 인조 속눈썹의 종류

(2) 인조속눈썹 연출 응용 기법

표 5-8 인조속눈썹 연출 응용 기법

① 뷰러를 이용해 속눈썹에 컬을 넣어준다.

② 속눈썹을 분리해 눈에 대보고 길이를 확인한다.

③ 눈 앞머리에서 2mm 정도 뒤부터 붙이고, 눈 끝은 2mm 정도 길게 자른다.

④ 트위저를 이용하여 속눈썹을 고정한 후 스파츌러를 이용하여 접착제를 바른다.

⑤ 트위저를 이용하여 눈 중앙, 앞머리 순으로 지긋이 눌러 고정한다.

⑥ 접착제가 마르기 전에 눈을 정면으로 떠서 위치를 확인한 후 브러시를 이용해 지긋이 눌러 고정한다.

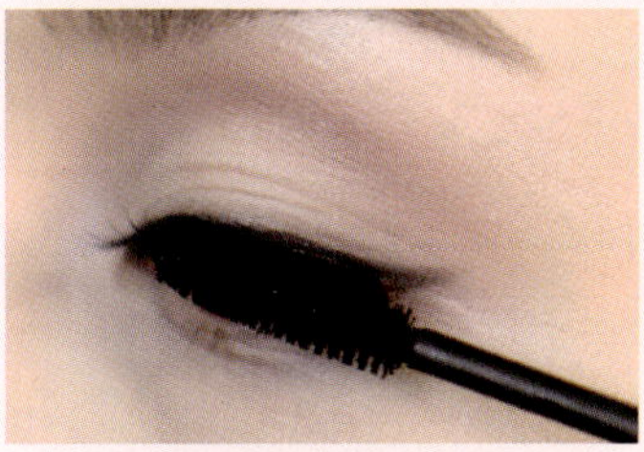

⑦ 접착제가 마르면 뷰러로 컬링하고 마스카라를 속눈썹 뿌리 부분에 넣어 바른다. 끝은 생략해 인조 속눈썹의 컬을 살린다.

⑧ 속눈썹 라인 위로 젤 라이너를 바른다. 인조 속눈썹 이음새 끝에 살짝 겹치도록 도톰하게 그리고, 연장된 속눈썹 끝 부분이 가려지도록 그린다.

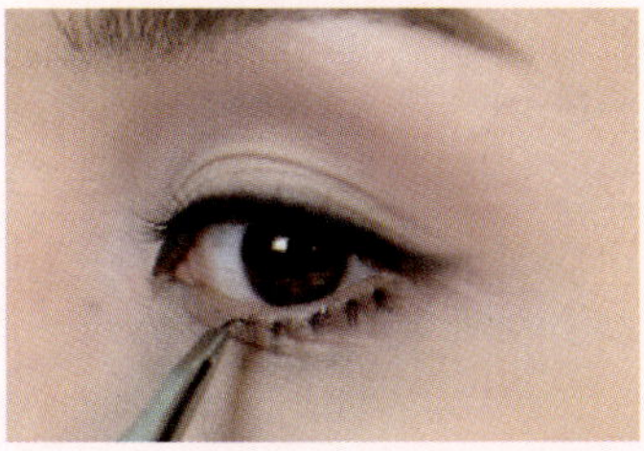

⑨ 트위져를 이용하여 언더 래쉬 아부분에 인조 속눈썹을 밀어 올리듯 고정한다.

4. 아이브로우(Eyebrow) 메이크업

얼굴의 지붕이라고 할 수 있는 눈썹은 얼굴의 이미지와 인상을 결정해 주는데 매우 중요한 역할을 하다. 고객의 다양한 눈썹의 형태, 눈썹색의 짙고 옅음, 눈썹의 자연스러운 흐름, 눈썹 숱이 많고 적음, 길이가 길거나 짧음에 따라 자유롭게 다양한 이미지의 변화를 나타낼 수 있다.

1) 아이브로우 메이크업 제품 및 정리도구

① 아이브로우 펜슬(Eyebrow Pencil)

펜슬 타입은 가장 대중적으로 사용되며 발색이 자연스러운 회색이나 갈색의 펜슬을 사용한다. 눈썹을 그리기는 쉽지만 너무 진하게 되거나 뭉치기 쉽다. 주로 눈썹을 강조하여 표현할 때 사용하고 뭉치지 않도록 브러시로 펴주어야 한다.

② 아이섀도우 타입(Eyeshadow Type)

사용감이 부드럽고 자연스럽다. 눈썹 숱이 많은 사람이 사용하면 좋고 자연스러운 면처리가 가능하다.

③ 에보니 펜슬(Ebony Pencil))

원래는 미술용 연필이지만, 메이크업에서 눈썹의 형태를 잡아줄 때 그리거나 수정할 때 사용된다.

④ 각진 아이브로우 브러시(Angled Eyebrow Brush)

중간정도의 탄력을 가진 부드러운 합성모로 되어 있으며 사선형태로 컷팅된 납작하고 팽팽한 브러시이다. 섬세한 아이라인을 그리거나 아이브로우 메이크업 할 때 사용한다. 에보니 또는 눈썹 연필로 눈썹의 형태를 그린 후 각진 아이브로우 브러시에 아이섀도를 묻혀 눈썹의 색과 볼륨을 만들어준다. 또는 연필 대신에 이러한 형태의 브러시에 섀도를 묻혀 눈썹의 빈 공간을 채우거나 형태를 만들고 자연스러운 눈썹을 만들기 위해서 사용하면 편리하다.

⑤ 눈썹 브러시 (Eyelash Comb)

눈썹의 방향과 형태를 정리할 때 사용하는 브러시이다. 작은 빗으로 눈썹의 길이를 체크하여 마치 헤어 컷팅하는 듯 눈썹을 컷팅할 때 사용한다. 마스카라 사용 후 뭉치지 않도록 자연스럽게 빗어줄 때도 사용한다.

⑥ 눈썹 수정 가위(Eyebrow Scissors)

눈썹을 정리할 때, 인조 속눈썹의 길이를 자를 때 사용하는 도구이다.

⑦ 족집게(Tweezers)

머리카락을 제거하거나 눈썹모양을 다듬는데 사용하는 도구이다. 또한 심는 속눈썹을 붙일 때도 핀셋 대신 사용할 수 있다.

⑧ 눈썹 칼(Eyebrow Shaving)

눈썹형태 표현에 불필요하게 자란 눈썹 및 눈 두덩이의 잔털을 깨끗하게 제거할 때 사용한다.

2) 아이브로우 정리 방법

① 결 정리하기

브러시를 이용하여 전체적인 결을 따라 빗는다.

② 아웃라인 결정하기

펜슬로 대략적인 눈썹라인을 그려놓는다.

③ 잔털제거

펜슬라인 바깥에 있는 잔털들을 눈썹 칼로 밀어준다.

④ 눈썹 길이 맞추기

눈썹 빗으로 눈썹을 상하로 빗어줘 벗어나는 부분을 눈썹 칼로 살짝 밀어주거나 눈썹 가위로 정리한다.

⑤ 숱 정리

눈썹 브러시를 이용해 아래로 살짝 눌러주면서 라인 밖으로 빠져나온 부분을 눈썹가위로 자른다. 그 후 전체적인 톤을 살펴 눈썹 가위를 세로로 들어 숱이 뭉친 부분을 다듬는다.

3) 이상적인 눈썹 모양

가장 아름답고 매력적인 눈썹은 자연 그대로의 눈썹 모양을 살려 어느 정도 깔끔하게 정리된 눈썹을 뜻한다. 보통 자연스러운 눈썹은 눈썹 머리 부분에서 위로 약간 사선으로 향해 나있고 눈썹 중앙은 옆으로 향해 나있으며, 눈썹 꼬리는 위에서 아래로 향해 나있다.

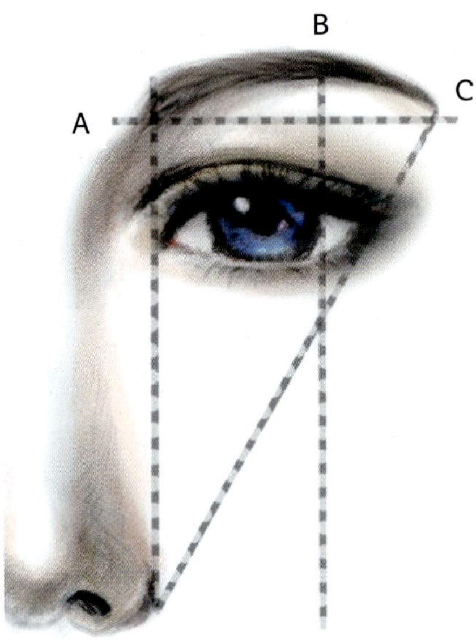

A : 눈썹 앞머리 부분(가장 두꺼운 부분)은 코 끝 부분과 동일한 지점에서 시작한다.

B: 눈썹을 똑같은 길이로 3등분했을 때, 아치모양의 가장 높은 점이 눈썹의 출발점에서 바깥쪽으로 2/3 정도 지점에 있어야 한다.

C: 눈썹이 끝나는 지점과 코끝과의 각도는 45도가 가장 이상적이다.

그림 5-12 **이상적인 눈썹 형태**

그림 5-13 **남성과 여성의 눈썹 특성**

4) 남성과 여성의 눈썹 특성

남성은 직선으로 눈썹뼈와 달라붙는 눈과 눈썹사이의 거리가 가깝고, 짙은 눈썹이 가장 이상적인 눈썹이다. 여성은 눈과 눈썹사이 거리가 멀어 보이면서 남자보다 옅은 형태의 눈썹이 가장 이상적이다. 남성 눈썹은 남성호르몬으로 인해 안와상융기(눈구멍 위쪽에 있는 이마뼈의 일부가 형성하는 수평 방향의 융기)가 발달되어 있다. 여성은 이마가 돌출하고 깊은 눈만 갖추어졌으며, 안와상융기는 갖추어지지 않았으므로 여성적인 특징에 어울리는 눈썹은 아치형 눈썹으로 가장 아름다운 눈썹 형태이다.

5) 아이브로우 색상 이미지

아이브로우의 색상은 원래 모발색과 유사한 색상이 가장 자연스럽게 어울린다. 옅은 회색빛의 에보니 펜슬로 형태를 만들어 주고 그 위에 모발색과 가까운 아이섀도 색상을 덧발라 주는 것이 가장 자연스럽다. 아이브로우 색상에 따른 이미지는 다음과 같다.

표 5-9 **아이브로우 색상 종류**

아이브로우	이미지	색상
흑색 (Black Color)	피부가 흰 사람이나 인상이 강한 사람에게 적당하며 개성적이다.	●
회색 (Grey Color)	차분하고 지적으로 보인다.	●
갈색 (Brown Color)	세련되고 부드러워 보인다.	●

표 5-10 **아이브로우의 길이, 굵기, 색상에 따른 이미지**

길이	긴 눈썹	정적이고 성숙하며 여성스럽다.
	짧은 눈썹	동적이고 귀여워 보이며 젊어 보인다.
굵기	굵은 눈썹	활동적이며 젊어 보이고 남성적이다.
	가는 눈썹	고전적이고 동양적이며 여성스러우나 나이가 들어 보인다.
색상	짙은 눈썹	강해 보이고 젊어 보인다.
	옅은 눈썹	자연스럽고 부드러우며 여성스럽다.

6) 아이브로우 그리기

① 먼저 눈썹 형태를 디자인한다.
② 눈썹 가위나 눈썹 칼 또는 족집게로 필요 없는 부분을 깨끗하게 다듬는다.
③ 눈썹을 털이 난 방향으로 가지런하게 정리한다.
④ 에보니 펜슬로 눈썹을 한올 한올 심듯이 그려준다.
⑤ 각진 브러시에 아이 섀도를 묻혀 색상과 볼륨을 넣어준다.
⑥ 눈썹 산에서 눈썹꼬리까지 연결해 주면서 마무리 한다.

7) 다양한 형태의 아이브로우

표 5-11 다양한 형태의 아이브로우

아이브로우	형태	일러스트
표준형 눈썹	젊고 아름다운 기본적인 눈썹 모양으로 누구에게나 잘 어울린다	
직선형 (수평형) 눈썹	중성적이고 활동적인 느낌을 주며 긴 얼굴이나 폭이 좁은 얼굴에 잘 어울린다.	
각진형 눈썹	현대적이고 이지적인 느낌을 주며 세련되어 보인다. 이러한 눈썹은 둥근 얼굴이나 얼굴의 길이가 짧은 사람에게 잘 어울린다.	
아치형 눈썹	매혹적이면서 우아하고 여성적인 느낌을 준다. 이마가 넓은 얼굴형이나 다이아몬드 얼굴형에 잘 어울린다.	
상승형 (화살형) 눈썹	역동적이며 야성적인 느낌을 준다. 둥근 얼굴이나 개성없는 얼굴에 적합하다. 눈썹을 짧게 그려 준다.	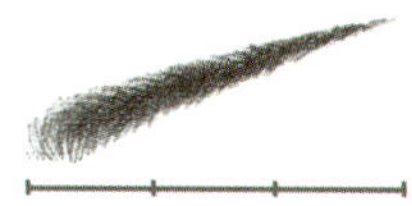
처진 눈썹	바보스럽거나 우울한 인상의 느낌을 준다.	

5. 립 메이크업

1) 립 메이크업 제품의 종류

(1) 립스틱(Lip stick)

메이크업 화장품에서 가장 널리 사용되는 제품 중 하나로 그 역사도 깊어서 고대 그리스, 로마 시대에 특징 식물에 함유된 색소를 입술에 바른 것에서 그 유래를 찾을 수 있다. 그 후 립스틱용 색소로 서양에서는 주로 연지벌레에서 추출한 카민(코치닐)을, 동양에서는 홍화에서 추출한 카르타민(Carthamim)을 이용했다. 유지와 왁스 등의 유성원료와 천연색소로 구성된 근대적인 막대 형태의 립스틱은 제1차 세계대전 즈음에 등장했으며, 1940년대 이후 합성색소 제조 기술의 향상과 더불어 다양한 색조의 립스틱으로 발전되어 왔다.

립스틱의 주원료는 유분과 안료이며 립스틱에 되는 유분으로는 왁스와 오일성분이 있다. 왁스는 립스틱의 스틱형상을 만들기 위해 사용되며, 카르나우바 왁스, 칸데릴라 왁스, 밀납, 세리신 등으로 제조된다. 반면 오일은 윤활성을 좋게 하고 왁스와 색소의 혼화성과 분산성을 향상시키기 위해 사용되고 있다.

표 5-12 **립스틱의 종류 및 특징**

구분	제형적 특징	장점	단점
모이스처 립스틱 (moisture lipstick)	왁스보다 오일이 많다	부드러운 사용감, 피부 퍼짐성이 우수	지속성이 떨어지고 유분에 의한 번들거림
매트 립스틱 (mat lipstick)	오일보다 왁스가 많다	번들거림이 적다	지속성이 떨어지고 메이크업이 쉽게 흐트 러짐
롱래스틱 립스틱 (long lasting lipstick)	오일, 왁스 외 고분자 물질을 첨가하여 피막 형성	지속성이 우수	피막형성으로 답답한 느낌이 있으며, 염착으로 메이크업 제거가 어려움

(2) 립크림(Lip Cream)

크림 타입으로 립 색상을 선명하고 촉촉한 입술을 표현해준다.

(3) 립글로스(Lip Gloss)

립글로스는 일반적으로 튜브나 봉 타입의 제품이 대부분이고, 보습을 목적으로 제조된 제품이다. 입술에 약간의 색감과 펄감 또는 광택을 주어 입술에 촉촉함과 윤기를 더하기 위하여 사용한다.

(4) 립틴트(Lip Tint)

틴트(Tint)란 농담에 관한 표현 기법으로 물감의 빛깔을 부드럽게 나타내는 용어이며, 입술에 색상을 자연스럽게 표현하기 위해 사용한다.

(5) 립밤(Lip Balm)

입술은 다른 피부보다 피지분비가 적어서 트기 쉽다. 립밤은 입술에 영양을 주며, 탄력을 증진시킨다. 입술에 막을 형성하여 지질층을 보호하며 보습력을 강화시킨다. 입술이 건조할 때마다 덧발라 주어 사용한다. 발색성은 떨어진다.

(6) 립라이너(Lip liner)

립스틱과 더불어 입술에 사용하는 제품으로 립스틱을 바르기 전에 입술의 외곽선을 그려 주어 립스틱의 번짐을 막고, 입술 선을 보다 선명하고 아름답게 보이도록 한다. 제형은 펜슬 형태가 일반적이다.

2) 립 메이크업 도구

(1) 립 브러시(Lip Brush)

끝이 가늘고 납작한 형태이며 탄력과 힘이 있는 합성모 브러시이다.

립 제품을 바를 때 립 펜슬의 라인을 자연스럽게 펴 줄 때 사용한다.

(2) 스파츌러(Spatula)

립 제품을 덜어서 사용할 때 쓰이는 작은 주걱모양의 도구이다.

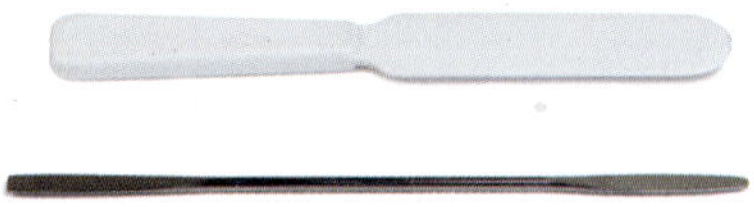

(3) 립 파렛트

다양한 립 컬러를 혼합 할 때 사용되며 파렛트를 이용하는 것이 위생적이다.

3) 립 컬러(Lip color)

입술색은 아이섀도처럼 유행에 민감한 색상이면서 피부색에 잘 맞도록 사용해야 한다. 입술 색은 먼셀의 색상에서 PR, R, YR 정도의 색상이 가장 많이 사용되며, 톤에 따라 다양하다.

대체적으로 연령에 따라 피부색과 입술색이 변화를 보이는데 나이가 어릴수록 명도가 높은 톤이 어울리며 40대에서 50대로 갈수록 회색이 섞인 탁한 톤의 입술색이 피부색과 조화를 이룬다.

✔ 립컬러 색상 선택법

- 아이섀도우, 치크 색상에 맞춰 선택한다.
- 의상색상에 맞춘다.
- 피부색에 맞춘다.
- 연령에 맞춘다.

또한 입술색은 피부색에 영향을 많이 받는데 사람마다 다른 피부색을 가지기 때문에 똑같은 색을 발라도 사람마다 다른 색상으로 나온다. 또한 연한 색상의 립제품들은 본래 입술색에 따라 사람마다 다르게 표현된다. 따라서 입술색은 피부색, 머리색, 아이 섀도, 네일 에나멜, 의상색 등과 조화를 이루는 색상을 선택하는 것이 바람직하다. 입술 화장의 색상이 주는 이미지는 다음과 같다.

입술은 움직임이 가장 많은 곳으로 입술은 얼굴의 표정을 좌우한다. 립 컬러는 입술의 모양을 수정 보완하여 윤곽을 살려주고 색상을 부여하여 입체감을 준다. 또한 외부 환경으로부터 입술을 보호하고 얼굴을 한층 더 매력있게 해주며 얼굴 전체를 생동감 있게 표현해준다.

립스틱과 같은 입술 화장품은 라놀린, 밀랍과 같은 유지를 함유하고 있어 입술을 보호하고 색감을 부여하기 위한 재료로 다양한 색상과 제품이 있다. 용도에 알맞은 것을 선택하여 사용하도록 한다.

(1) 립 색상에 따른 이미지

표 5-13 **립 색상에 따른 이미지**

립 색상	이미지	적용	예
레드 (Red)	정열, 매혹, 대담, 세련된 이미지	파티, 나이트 메이크업 시	●
핑크 (Pink)	여성다움, 온화하고, 청순하고 귀여운 이미지	주로 젊은 층이 사용, 내추럴, 신부, 약혼 메이크업 시	●

퍼플 (Purple)	세련, 우아, 신비스러운 이미지	모던하며 환상적인 메이크업 시	
오렌지 (Orange)	건강, 발랄, 젊음, 생동감, 발랄함, 활동적 이미지	검은 피부나 흰 피부에 잘 어울리고 여름, 스포츠 메이크업 시	
베이지 또는 브라운 (Beige or Brown)	차분하고 점잖고 지적, 세련된 이미지	오클계 피부에 잘 어울리며, 가을 메이크 업에 적당	

(2) 피부와 조화되는 립 색상

표 5-14 피부와 조화되는 립 색상

	피부색톤	피부 특징	립 색상
핑크 계열	흰피부	혈색이 없으나 화사한 피부	핑크, 보라, 레드
	핑크빛 피부	희면서 붉은 피부	퍼플, 레드
황갈색 계열	노르스름한 피부	노르스름하고 약한 창백해 보이는 피부	오렌지,코럴계열
	짙은 황갈색 피부	전체적으로 검어보이는 피부	브라운계열

(3) 연령에 따른 립 색상

표 5-15 연령에 따른 립 색상

연령	립 색상
젊은층	▪립메이크업보다 아이메이크업을 강조 ▪연하고 밝은 계열의 핑크, 오렌지 사용, 선명한 레드 계열도 잘 어울림 ▪립글로스나 펄이 가미된 색상이 잘 어울림
중년층	▪펄이 많이 있는 립보다는 매트한 느낌의 립이 좋다. ▪차분하고 온화한 중간색이 적당, 난색계열의 선명한 색상이 어울림 ▪고상한 이미지 연출에 중점으로 레드가 가미된 핑크 톤, 브라운, 붉은 자주색이 잘 어울림

(4) 치아 색상에 따른 립 색상

표 5-16 **치아 색상에 따른 립 색상**

치아	립 색상
치아가 누런 경우	퍼플계열의 짙은 색상
치열이 고르지 못한 경우	레드 계열

(5) 입술 색과 형태에 따른 립 색상

표 5-17 **입술 색과 형태에 따른 립 색상**

입술색	립 색상
입술색이 짙은 경우	선명하고 짙은 색상
입술색이 옅은 경우	파스텔 계열
입술이 큰 경우	짙은색, 펄제품 삼가
입술이 작은 경우	옅은색, 펄제품 사용
입술이 튀어나온 경우	짙은색

(6) 의상 컬러와 어울리는 립 색상

표 5-18 **의상 컬러와 어울리는 립 색상**

의상 색	립 색상
그린 계열	오렌지 톤, 브라운 톤
레드 계열	의상색과 동일한 레드 톤, 브라운톤, (핑크계열 색상은 피한다)
블루 계열	선명한 레드나 핑크 톤
퍼플 계열	산호색, 자주색, 연한 핑크톤
화이트 계열	파스텔톤, 장밋빛 톤

4) 입술의 질감

(1) 매트(Matte) 타입

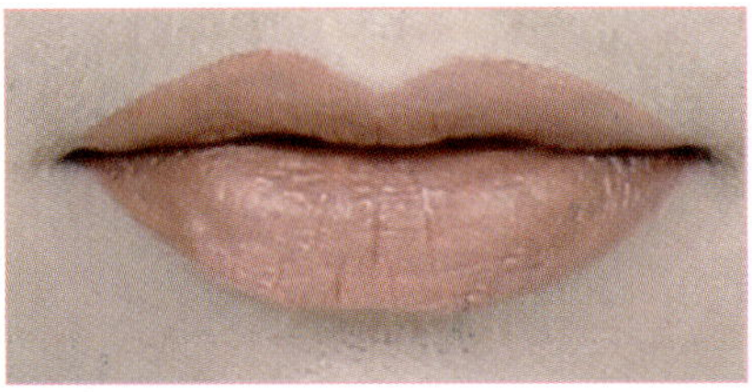

(2) 크림(Cream)타입

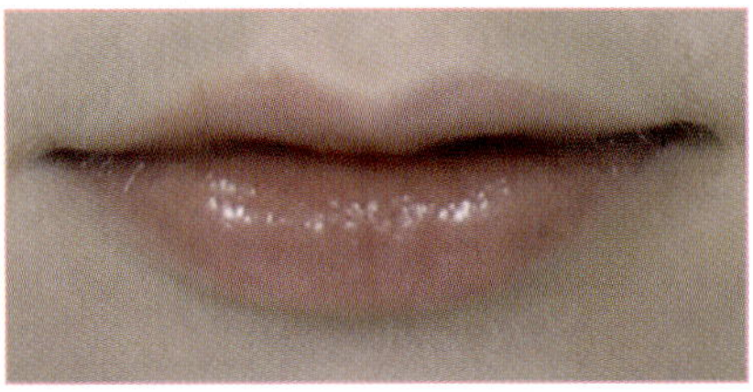

(3) 글로시(Glossy) 타입

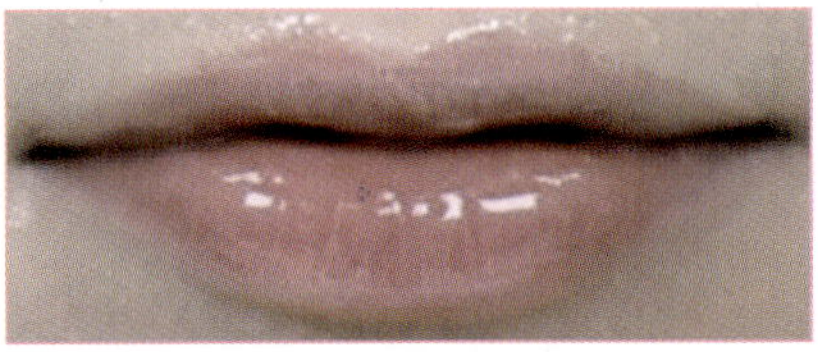

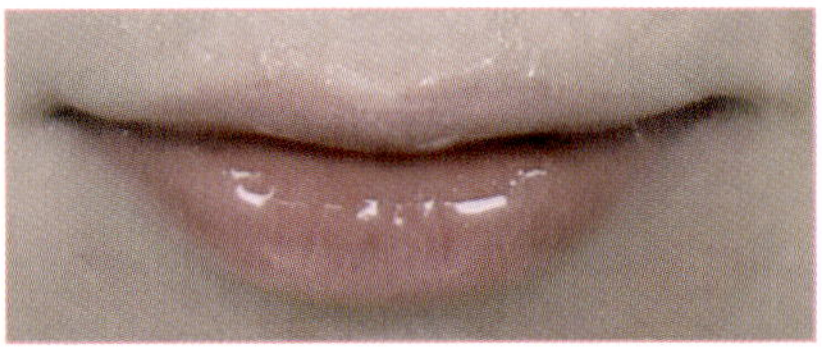

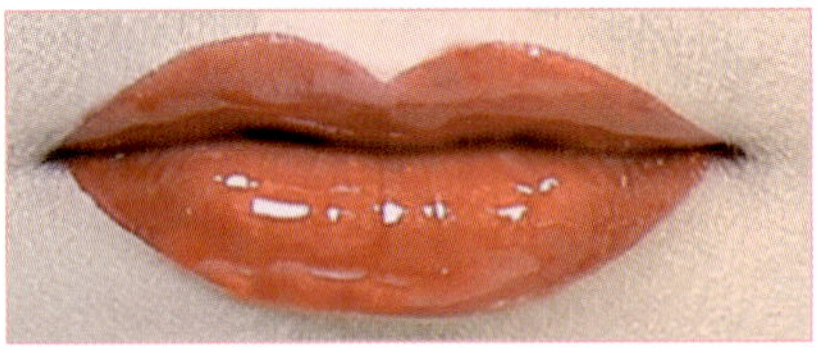

(4) 스파클(Sparkle) 타입

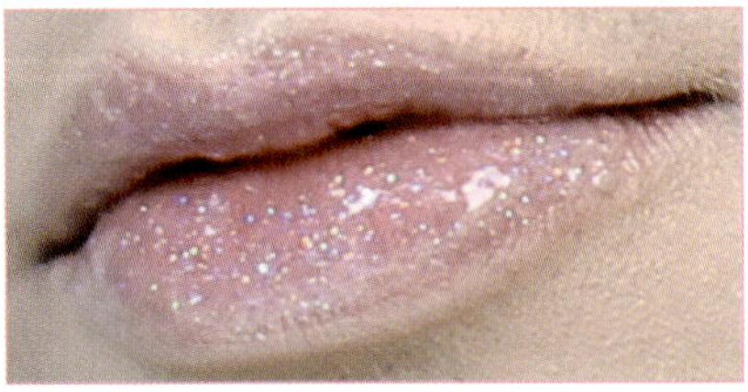

5) 립 메이크업 방법

(1) 입술 위치 및 비율

얼굴에서 입술의 위치는 정면에서 바라보았을 때 눈동자 안쪽 선에서 수직선을 그은 선에 입술 꼬리가 위치하며, 윗입술과 아랫입술의 비율은 1 : 1.5 정도가 적당하다.

입술에도 표정이 있는데 음영을 이용하여 볼륨감이 있는 입술을 만들어 주면 훨씬 아름다운 입술이 된다. 입술구강 쪽에는 어두운 색으로 펴주고 입술 중앙은 밝은 하이라이트색(은색펄, 금색펄, 흰색 등)으로 칠해주면 입술에 입체감을 줄 수 있다. 티슈로 한번 눌러 준 다음 립 컬러를 바르면 지속성과 색상의 선명도가 높아진다.

(2) 입술을 그리는 순서

① 파운데이션으로 입술선과 입술색을 수정한다.
② 입술선을 그린 후 윗입술부터 색상을 표현한다.
③ 본래의 입술보다 1~2㎜ 정도의 범위 내에서 수정하고 조정한다.
④ 립브러시를 사용하여 입술 좌우가 대칭이 되도록 골고루 펴 바른다.
⑤ 색상은 균일하고 매끈하게 바르고, 특히 입술산과 구각은 깔끔하게 바른다.

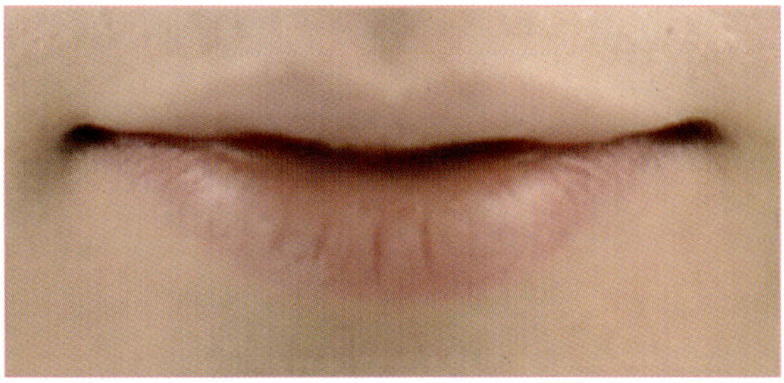

✔ 입술이 쉽게 건조해지는 이유

입술에는 천연보호막이라고 불리는 피지선(기름샘)이 없고 부드러운 점막으로 되어 있어 외부 환경이나 자극에 스스로를 방어하는 능력이 떨어지기 때문에 환절기나 건조한 계절이 되면 입술이 자주 마르고 트게 된다. 입술을 깨무는 습관이 있는 사람들은 수시로 바셀린이나 립밤(Lip Balm)을 발라 입술을 촉촉하게 해주면 좋다.

✔ 립컬러를 오랜 시간 유지하는 방법

파운데이션을 바를 때 입술 위에도 바르고 파우더로 눌러준다. 하지만 많은 양을 바르지 않는다. 또한 립컬러를 발라 티슈로 한번 닦아주고 다시 바르면 외출 중에도 대략 5~6시간 정도 립컬러 색이 그대로 유지된다.

(3) Two Tone 기법 바르기

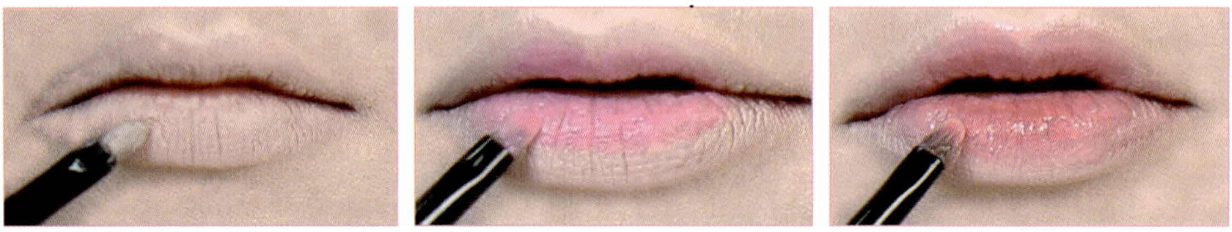

그림 5-14 Two Tone 기법 바르는 순서

(4) Red 컬러 립스틱 바르기

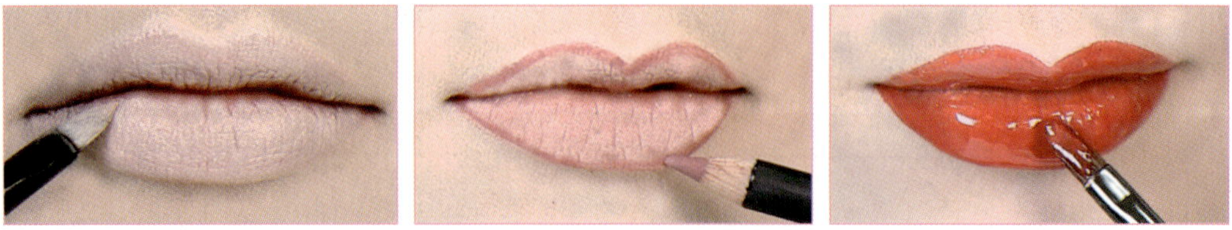

그림 5-15 Red 컬러 립 바르는 순서

6) 입술 모양

입술은 립스틱의 색상뿐만 아니라 입술라인의 모양에 따라서도 얼굴의 표정과 이미지가 달라진다.

(1) 입술 모양에 따른 이미지

표 5-19 **입술 모양에 따른 이미지**

입술 모양	이미지	일러스트
스트레이트 (Straight)	활동적이고 현대적인 느낌의 선으로 샤프하고 지적인 느낌을 준다.	
인커브 (In Curve)	안쪽으로 1-2mm 정도 들어간 커브로 발랄, 경쾌, 여성스러운 이미지를 준다.	
아웃커브 (out Curve)	바깥쪽으로 1-2mm 정도 나온 커브로 섹시한 이미지, 에로틱한 분위기를 준다.	

(2) 입술 형태에 따른 메이크업 수정

표 5-20 **입술 형태에 따른 메이크업 수정**

입술형태	메이크업 수정	일러스트
얇은 입술	빈약해보이기 쉬운 입술이므로 본래의 입술 윤곽보다 1-2mm정도 늘려서(아웃 커브) 그린다. 윗입술은 안쪽으로 곡선을 이루듯이 그려주고 옅은 색이나 펄이 있는 색상의 립스틱과 파스텔 계열의 색상을 바르는 것이 효과적이다.	
두터운 입술	투박하고 둔하게 보이기 쉬우므로 본래의 입술 윤곽선 보다 1-2mm 정도 안쪽(인커브)으로 그린다. 윗입술산은 원만하게 하며 진한 색상이나 어두운 색상의 립스틱을 바르면 축소되어 보인다. 립그로스나 옅은 색, 펄이 있는 색상은 더욱 입술을 두터워 보이게 하므로 피하는 것이 좋다.	

작은 입술	각의 위치를 좌우대칭이 되도록 1-2mm 정도 넓게 그린다. 펄이 있는 립스틱이나 립글로스 또는 파스텔 계열의 흐린 색상의 립스틱을 바른다.	
큰 입술	큰 입술을 작아 보이도록 하기 위해서는 짙은 색의 립스틱을 바르고 인커브로 자연스럽게 본인의 입술보다 1-2mm 정도 작게 그린다.	
돌출된 입술	짙은 립라인을 이용하여 립라인을 짙게 그린 후 전체적으로 짙은 색상을 선택하여 브라운 계열, 레드 계열, 퍼플 계열 등으로 수축되고 후퇴되어 보이는 색상을 선택하여 바른다. 밝은색보다 펄이든 색상은 입술이 더욱 도출되어 보이므로 적합하지 않다.	
윗입술이 두꺼운 경우	윗입술만 윤곽선보다 1-2mm정도 작게 그리고, 아랫입술은 늘려 그리고 동일색상을 바르되 윗입술을 아래보다 조금 밝게 바른다.	
아랫 입술이 두꺼운 입술	본래의 아랫입술보다 1~2㎜정도 그리고 윗입술은 본래의 윤곽선보다 1~2㎜정도 크게 그린다. 입술산은 약간 강조하여 두께가 있어 보이게 한다.	
구각이 처진 입술	인상이 어둡고 우울하거나 슬퍼보이므로 구각을 올려서 그려주어야 한다.	
주름이 많은 입술	세로로 난 주름 사이로 립스틱이 번질 염려가 있으니 먼저 파우더로 입술의 유분기를 없앤 후 립 라이너로 라인을 선명하게 그린다. 립스틱은 유분기가 적은 연한 계열의 색을 바르고 글로스로 마무리하면 좋다. 주름의 선을 따라 색상이 번져나가지 않도록 주의한다.	

6. 치크(cheek)메이크업

볼연지라고도 부르며, 볼 위에 도포하여 건강한 혈색 표현과 생동감 있고 개성있는 색채표현을 하며, 윤곽에 음영을 주어서 얼굴을 입체적으로 표현한다. 메이크업 마무리 단계에서 볼 부위에 색을 수정하는 목적으로 사용하므로 색은 짙으나 커버력은 낮은 것이 특징이다. 일반적으로 압축 고형으로 성형된 형태들이 주류를 이루고 있으며 크림타입의 에멀젼 형태나 유성형도 개발 되어 있다. 최근에는 다색 성형 프레스 방식에 의해 하나의 제품 안에 여러 색상이 함께 있는 제품들을 많이 볼 수 있다.

치크는 얼굴의 혈색을 부여하여 건강하게 보일 뿐만 아니라 블러셔를 바르는 위치에 따라 얼굴형을 수정하고 입체감을 주어 귀여운, 성숙한, 샤프한, 섹시한 등의 이미지를 연출할 수 있다.

치크의 제품으로 크림 혹은 케익 타입이 있으며, 다양한 색상 및 제품이 있다. 블러셔의 용도는 볼(cheek)에 국한된 것이 아니고 볼과 그 밖의 얼굴 전체의 혈색을 표현할 때 사용된다.

1) 치크 메이크업 제품 종류

치크의 메이크업 제품 종류는 파우더 타입, 파우더를 압축한 케익 타입, 크림 타입 등이 있다.

표 5-21 **치크의 종류**

종류	용도	그림
케익 타입	파우더를 압축한 것으로 일반적으로 널리 사용되는 제품이며 브러시로 부드럽게 펴준다. 색감표현이 용이하고 자연스러워 초보자도 손쉽게 사용할 수 있다. 혈색을 나타내거나 윤곽수정 등 여러 가지로 이용할 수 있다.	
크림 타입	파운데이션을 바르고 파우더를 바르기 전에 적당량을 손가락을 사용해 묻혀 부드럽게 펴준다. 혈색을 주기도 하지만 주로 윤곽수정에 많이 이용된다. 립스틱으로도 효과를 낼 수 있다.	
파우더 타입	가루의 형태로 되어있어 브러시나 퍼프에 묻혀 사용한다. 파우더 타입의 블러셔는 적당량을 투명파우더에 섞어 사용하기도 한다.	

2) 치크 브러시(cheek Brush)

치크는 빰에 자연스럽고 건강한 색조를 제공하고 얼굴의 윤곽을 수정하는데 사용되므로 적절한 크기의 브러시를 선택하도록 한다. 너무 큰 브러시를 사용하면 블러셔가 빰 전체에 퍼지는 경향이 있다.

3) 치크 색상

블러셔의 색상은 1PR~5R 정도의 색상들로 구성되며 피부색과 같은 톤에서 2~3단계의 다른 톤으로 변화를 주는 색상을 선택하여 얼굴형에 맞게 사용한다. 블러셔의 색상에 따라 이미지를 다르게 표현할 수 있다.

· 립색상과 아이섀도 색상에 맞춘다.
· 피부색에 맞춘다.

표 5-22 치크 색상에 따른 이미지

치크 색상	이미지	예
핑크 (Pink Color)	귀엽고 여성스러운 느낌 혈색이 없어 보이고 희고 투명한 피부에 적합하고 피부색이 어두울수록 나이가 많을수록 명도가 낮은 핑크를 사용한다.	
오렌지 (Orange Color)	어두운 피부색에 사용하며 신선하고 생동감 넘치는 느낌	
레드브라운 (Red Brown Color)	현대적이고 세련된 느낌 혈색을 주기 보다는 음영을 주어 입체감을 강조하기 위하여 주로 사용하며 흑백메이크업 시 주로 사용.	

표 5-23 피부와 조화되는 치크 색상

피부색톤	피부 특징	치크색상
흰피부, 핑크빛 피부	혈색이 없어보이고 희고 화사한 피부	핑크계열
노르스름한 피부	노르스름하고 약한 창백한 피부	오렌지,코럴계열
짙은 황갈색 피부	피부톤이 전체적으로 검어보이는 피부	브라운계열

4) 치크의 위치

정면을 바라보았을 때 눈동자의 바깥 부분과 콧망울 위쪽 이내에서 볼 뼈를 스치듯이 펴 바른다. 연필을 가볍게 잡고 눈동자로부터 수직으로 놓는다. 다른 연필을 콧망울 아래에 수평으로 놓는다. 연필이 교차되는 안쪽 부위가 블러셔를 사용하는 적절한 위치이다.

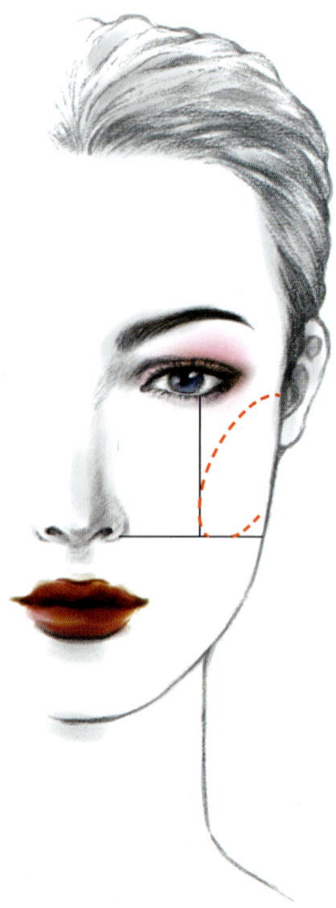

그림 5-16 치크의 위치

5) 치크의 메이크업 방법

치크는 중심이 되는 부위를 가장 진하게 하고 주위는 자연스럽게 피부에 그라데이션하여 경계선이 없도록 표현한다.

(1) 브러시로 하는 볼터치 방법 및 주의점

· 브러시에 블러셔를 묻힐 때는 털끝에 골고루 분포 되도록 하고, 브러시를 세워서 사용하면 제품을 충분히 골고루 묻힐 수 있다.
· 브러시에 묻은 블러셔는 일단 손등에 묻혀 살짝 털어내고, 얼굴에 발라야 과하고 진하게 표현되는 것을 피할 수 있다.
· 치크 메이크업 부위는 웃을 때 볼록 솟는 애플부위를 브러시 끝부분으로 스치듯이 발라준다.
· 브러시는 가능한 같은 방향으로 바르는 것이 색감 표현에 좋고, 눈 밑에 화이트 컬러로 하이라이트를 넣어 주면 볼터치가 더욱 돋보인다.
· 브러시에 내용물을 묻혀 손안에서 미리 색상 조절을 하여 사용하는데 가벼운 터치로 엷게 반복하여 바르도록 한다.
· 먼저 엷게 칠하고 그 다음 진하게 하고 싶은 부분에는 반복하여 칠하도록 한다. 처음부터 진한 색상을 욕심껏 바르면 뭉치기 쉬우며 아름답게 표현되지 않는다.
· 색이 너무 진하게 발라졌을 때는 퍼프에 파우더를 발라 부드럽게 닦아주면 색이 엷게 나타난다.

(2) 손가락으로 하는 볼터치 방법 및 주의점

- 우선 거울을 보며 얼굴 형태에 따라 먼저 볼터치 할 위치를 정한다. 미소 지을 때 근육이 올라가는 부분에 볼터치를 한다.
- 크림 타입의 블러셔는 촉촉해서 미끄러지듯이 잘 발리므로 손등에 한 두번 두드려 양을 조절한 후 얼굴에 바르는 것이 좋다.
- 손가락에 크림 블러셔를 찍은 후, 볼 뼈의 중심에서 귀의 위선까지 세 등분을 해서 블러셔 점을 찍는다.
- 세 개의 블러셔 점 중에서 먼저 중앙에 있는 것을 두드려 바른 후, 주변을 자연스럽게 펴바른다.

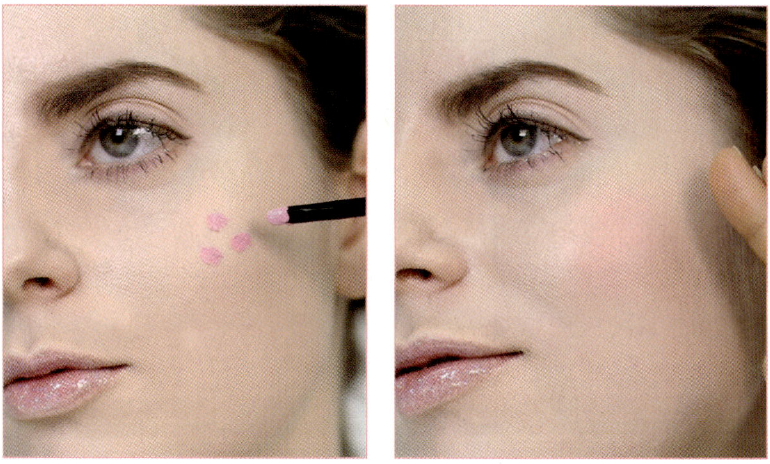

그림 5-17 **손가락으로 볼터치 하는 법**

C자형 치크 메이크업 방법

밝은 컬러로 생기를 더하거나, 옅고 넓게 펴 발라 윤곽을 다듬거나 양볼을 감싸듯 과감하게 펼쳐진 C자형 블러셔는 과감한 터치로 컬러는 덜어내고 활용도는 높아져서 C자형 치크 메이크업을 표현한다.

피부에 생동감을 주는 소문자 C자처럼 눈가와 광대 라인 사이에서 좁게 굴린 모양이 포인트이다. 좁은 부위는 선명하고 강렬한 컬러가 더해져 방금 운동을 마치고 나온 듯 혈색이 도는 생기 있는 스타일을 연출할 때 효과적이다.

✔ **언더라인의 눈 꼬리를 넘지 않도록 한다.**
치크 메이크업 범위의 기준은 눈꼬리이며, 블러셔의 시작점과 끝점이 눈꼬리보다 안쪽으로 들어가지 않고, 끝점의 위치가 콧방울 아래로 내려가지 않는 것이 좋다.

✔ **컬러는 밝게, 텍스처는 촉촉하게 표현한다.**
블러셔의 가용 범위가 좁은 대신 밝고 선명한 컬러로 포인트를 더하는 것이 중요하다. 레드톤이 도는 로즈베리 핑크나 보랏빛이 도는 푸치아 핑크 컬러를 추천한다. 크림이나 리퀴드 타입의 텍스처를 사용하면 가장 좋으며, 밀착력이 높아 발색이 선명하고 표면에 자연스러운 윤기가 더해져 혈색이 도는 생기 있는 스타일을 연출하는데 효과적이다.

그림 5-18 **C자형 치크 메이크업 방법**

✔ **눈 밑을 밝혀야 치크가 돋보인다.**

주변 피부톤이 어두우면 아무리 밝고 맑은 핑크 블러셔를 사용해도 얼룩져 보이기 일쑤이다. C자형 블러셔가 감싸는 눈가 부분은 다른 부위보다 한 톤 밝아야 얼굴 전체가 생기 있고 화사해 보인다.

(3) 얼굴형에 따른 치크 위치

표 5-24 **얼굴형에 따른 치크 위치**

얼굴형	치크 위치	
둥근 얼굴형	볼뼈 윗부분에서 입꼬리 끝을 향해 사선으로 세로 느낌이 나도록 블러셔 해 준다.	 **둥근 얼굴 : 입 꼬리를 향해서**
사각 얼굴형	볼뼈 아랫부분에서부터 둥근 느낌이 나게 길게 넣어 주고 각이 진 턱선과 양쪽 이마 부분에 약간 짙은 색상으로 턱선을 향해 블러셔 해준다.	 **사각형 : 턱 끝을 향해**

<table>
<tr><th>얼굴형</th><th colspan="2">치크 위치</th></tr>
<tr><td>역삼각 얼굴형</td><td>부드럽고 화사한 색을 이용하여 코끝을 향하여 광대뼈 윗부분에 블러셔 해준다.</td><td>
역삼각형 : 코 끝을 향해</td></tr>
<tr><td>긴 얼굴형</td><td>광대뼈를 중심으로 가로로 폭넓게 눈앞머리를 향해 블러셔 해준다.</td><td>
긴 얼굴형 : 눈 앞머리를 향해</td></tr>
<tr><td>오각형 얼굴형</td><td>광대뼈 부위를 살짝 감싸듯이 둥글고 부드럽게 블러셔 해준다.</td><td>
오각형치크</td></tr>
</table>

참고문헌

강경화 (2009). Make You Up. 국제.
고경숙 외 (2012). 미용학개론. 청구문화사.
고혜정 외 (2002). 화장품학. 정문각, pp.12-24.
권구정 외 (2006). MAKEUP ICON. 청구문화사.
권혜영 외 (2013). 공중위생관리학. 메디시언.
김광숙 외 (2001). The Make-up. 예림. pp.11-59.
김기연 외 (2015). 공중보건학. 현문사.
김경영 외 (2014). 에센스 화장품학. 메디시언.
김연주 외 (2013). 화장품과학. 청구문화사.
김정희 외 (2010). 분장의 기초. 현문사.
김환 (2014). 고객상담과 심리상담의 길잡이. 교문사.
김현희 (2003). 인상과 관련한 메이크업테크닉에 관한 연구. 전주대학교 교육대학원.
박영진 외 (2014). 패션스타일리스트. (주)시대고시기획.
신인섭 (2002). 광고로 보는 한국 화장의 문화사. 김영사.
신향선 (2003). 패션&뷰티를 위한 color image making. 도서출판 국제.
신향선 (2012). color combination planning. 디지털 북스.
신향선 (2008). color mixing. 도서출판 국제.
안성구·이승헌 (2002). 피부미학. 고려의학. pp.320-321.
오세희 (2005). 스타일 메이크업. 성안당.
이현주 외 (2010). THE MAKE UP. 예림.
황정원 (2001), 화장품학, 정담, pp.184-186, 313-314.
Bibiano, B. & Schiff, C. (2002), Make-Up: Fresh Ideas for Fantastic Looks, Pocket.
Beauty & Health 연구회 (2001). 메이크업 & 스타일 100년사. 현문사. p. 141.
Beauty & Health 연구회 (2001). 美 100년사. 현문사.
Cohen, J. (2001). Vogue make-up. London: Carlton books.
Aucoin, K. (2000). FACEFORWARD, Little Brown.
Musgrove, J.(2003), Make-Up, Hair and Costume for Film and Television, Butterworth-Heinemann.
Topolino.(2002), Make-Up Games, Assouline.

찾아보기

ㄱ

가을 / 154
개인위생 / 104
건성 피부 / 172
건열 멸균기 / 95
겨울 / 155
계란형 / 137
고딕 / 52
고압증기 멸균기 / 95
공작석 / 43
구슬파우더 / 206
그라데이션 / 17
그레타 가르보 / 72
그린 파우더 / 203
글로시 / 183
글리터리 / 186
긴형 / 141

ㄴ

나일블루 / 43
노란 피부 / 176
눈 / 128
눈썹 / 127
눈썹의 형태별 이미지 / 129
눈의 형태별 이미지 / 130
뉴웨이브 / 86

ㄷ

다이아몬드형 / 139
다크써클 / 178
대비 / 17
대칭 / 17
둥근형 / 137
디아길레프 / 66
따뜻한 색 / 147

ㄹ

라텍스스펀지 / 200
로마네스크 / 49
로카일 / 58
로코코 / 58
로큰롤 패션 / 76
루스파우더 타입 / 205
르네상스 / 54
리퀴드 타입 / 190
리퀴드타입 / 194

ㅁ

마퀴아쥬 / 10
마들렌느 디트리히 / 72
매트 / 179
메이크업 / 9
모더니즘 / 71
모세혈관 확장 피부 / 173
문제성 피부 / 173
문제성 피부보정 / 177
물리적 소독법 / 94

ㅂ

바로크 / 57
바이올렛 파우더 / 203
백반증 / 178
백연 / 41
뱀프 룩 / 68
베이지 파우더 / 203
베티 그레이블 / 74
벨라도나 / 59
변화 / 17
복합성 피부 / 173
봄 / 152
붉은 피부 / 176
붓타입 / 207
브러시 / 201
브리지트 바르도 / 80
브리짓드 바르도 / 38
비비크림타입 / 191

ㅅ

사각형 / 138
선브론즈 파우더 / 203
소피아 로렌 / 83
쇼킹핑크 / 73
수공예운동 / 65
쉬머 / 182
스킨커버타입 / 195
스틱타입 / 196
스프레이 타입 / 199
실키 / 184

ㅇ

아르누보 / 65
안나 파블로바 / 67
안티몬 / 50
알코올 소독기 / 95
알타미라 동굴벽화 / 11
어두운 피부 / 177
얼굴 골격 / 123
얼굴 근육 / 125
여름 / 153
역삼각형 / 140
연령대별 노화 특징 / 122
예민성 피부 / 173
오드리 햅번 / 75
오트 쿠튀르 / 76
요하네스 이텐 색채론 / 144
유레아 / 22
일관성 / 17
입 / 128
입의 형태별 이미지 / 132

ㅈ

자외선 소독기 / 95
잡티 / 179
젤 타입 / 189
조화 / 17
주근깨 / 179
중성 피부 / 171
지성 피부 / 171
진동스펀지 / 201

ㅊ

차가운 색 / 147
채협총의 채화칠협 / 22
첫인상 / 114

ㅋ

컨실러타입 / 196
컬러 컨트롤 베이스타입 / 192
코 / 128
코모티케 테크네 / 44
코스메티케 테크네 / 44
코올 / 43
콤팩트 타입 / 204
크리미 / 180
크리스찬 디올 / 73
크림타입 / 195
클린징 / 167
클린징 로션 / 169
클린징 스크럽 / 170
클린징 오일 / 170
클린징 워터 / 169
클린징 젤 / 170
클린징 크림 / 169

클린징 티슈 / 170
클린징 폼 / 170

ㅌ

턱의 형태별 이미지 / 132
투명 파우더 / 203
투알레트 / 10
투웨이 케이크타입 / 198
트윈케잌 타입 / 205
틴에이져 / 76

ㅍ

파르위동 / 50
파르주안 / 50
파버비렌 / 145
파우더 룸 / 57
파우더 타입 / 197
패치 / 58
팬 케이크 타입 / 198
퍼프타입 / 207
펄 파우더 / 203, 206
페인팅 / 10
포스트모더니즘 / 86
프라이머타입 / 190
프레스 타입 / 204
플래퍼 / 69
피부 노화의 원인 / 121
핀업 걸 / 73
핑크 파우더 / 203

ㅎ

하이패션 / 76
한난 구분 / 145
합성스펀지 / 200
해리엇 험버드 / 63
헬레나 루빈스타인 / 68
혁명의 60년대 / 81
화학적 소독법 / 94
흰 피부 / 175

번호

1차 클린징 / 168
2차 클린징 / 168
3차 클린징 / 168
4차 클린징 / 169

INDEX

A

Anna pablova / 67
Antimony / 50
Art nouveau / 65
Audrey Hepuburn / 75

B

Balance / 17
Baroque / 57
BB Cream type / 191
beige powder / 203
Belladona / 59
Betty Grable / 74
Brigitte Bardot / 38, 80
brush type / 207

C

CC Cream type / 191
ceruse / 41
Change / 17
Christian Dior / 73
color key / 144
compact type / 204
concealer type / 196
Consistency / 17
Contrast / 17
cream type / 195
Creamy / 180

D

Diagilev / 66

F

Faber Birren / 145
Farjwan / 50
Farwidon / 50
Flapper / 69

G

gel type / 189
Glittery / 186
Glossy / 183
Gothic / 52
Gradation / 17
Greta Garbo / 72

H

Harriet Hubbard / 63
Haute couture / 76
Helena Rubinstein / 68

I

Inverted triangle / 140

J

Johannes Itten / 144

K

Kohl / 43
Komotike techne / 44
Kosmtike techne / 44

L

liquid type / 190, 194
loose powder type / 205

M

Make-up / 9
Malachite / 43
Maquillage / 10
Marlene Deitrich / 72
Matt / 179
Modernism / 71
Mouche / 58

N

Nail blue / 43
New wave / 86

O

Object / 116
Oblong face / 141
Oval / 137

P

Painting / 10
Patch / 58
pearl powder / 203, 206
pink powder / 203
pinup girl / 73
Place / 116
Postmodernism / 86
Powder Room / 57
press type / 204
primer type / 190
puff type / 207

R

Renaissance / 54
Robert Dorr / 144
Rocaille / 58
Rococo / 58
Romanesque / 49
Round / 137

S

Shimmer / 182
Shocking Pink / 73
Silky / 184
skin cover type / 195
S-letter style / 65
Spray type / 199
Square / 138
sunbronz powder / 203
Symmetry / 17

T

Teenager / 76
The revolution sixities / 81
Time / 116
Toilette / 10
transparent powder / 203
twin cake type / 205
two-way cake type / 198

U

UREA / 22

V

Vamp look / 68
violet powder / 203

저자 약력

이지영

현) 전주비전대학교 미용건강과 교수
한국미용학회 상임이사
한국네일미용학회 부회장

박정신

현) 중부대학교 뷰티산업학부 뷰티케어전공 교수

박효원

현) 중부대학교 뷰티산업학부 뷰티케어전공 교수

김현희

현) 서울시 여성인력개발기관 교육강사
성결대학교 미용학과 겸임교수
한국산업인력공단 미용사(메이크업·헤어)국가기술자격시험 감독위원

NCS 기본 메이크업

2017년 4월 10일 초판인쇄
2017년 4월 20일 초판발행

지은이 : 이지영, 박정신, 박효원, 김현희
메이크업 제품 협찬 : (주)코스피아
메이크업 촬영 제공 : 디아망웨딩
메이크업 일러스트 : 오란비(중부대학교 미용분장과 대학원 석사)
신나은 (전주비전대학교 미용건강과 졸업)
펴낸이 : 이상태
펴낸곳 : 청구문화사
주소 : (03706) 서울특별시 서대문구 성산로11길 15
전화 : 02)332-0541 FAX : 02)337-9577
등록 : 1990년 11월 2일 제9-247호

가격 30,000원

ISBN 978-89-5616-742-8 93590